U0216871

挽云鬟

是娜娜呀
栗仁仁
火玥儿
梦花亭-枫染

著

BJD古风盘发与现代编发教程

电子工业出版社
Publishing House of Electronics Industry
北京·BEIJING

图书在版编目（CIP）数据

挽云鬓：BJD古风盘发与现代编发教程 / 是娜娜呀

等著. -- 北京：电子工业出版社，2024. 11. -- ISBN

978-7-121-49119-1

Ⅰ．TS974.21

中国国家版本馆CIP数据核字第2024VN1878号

责任编辑：田振宇

印　　刷：北京利丰雅高长城印刷有限公司

装　　订：北京利丰雅高长城印刷有限公司

出版发行：电子工业出版社

　　　　　北京市海淀区万寿路173信箱　　　　邮编：100036

开　　本：787×1092　　1/16　　印张：12　　　字数：326.4千字

版　　次：2024年11月第1版

印　　次：2024年11月第1次印刷

定　　价：98.00元

凡所购买电子工业出版社图书有缺损问题，请向购买书店调换。若书店售缺，请与本社发行部联系，联系及邮购电话：（010）88254888，88258888。

质量投诉请发邮件至zlts@phei.com.cn，盗版侵权举报请发邮件至dbqq@phei.com.cn。

本书咨询联系方式：（010）88254161~88254167转1897。

读 者 服 务

扫一扫关注"有艺"

您在阅读本书的过程中如果遇到问题，可以关注"有艺"公众号，通过公众号中的"读者反馈"功能与我们取得联系。此外，通过关注"有艺"公众号，您还可以获取艺术教程、艺术素材、新书资讯、书单推荐、优惠活动等相关信息。

扫一扫观看视频

投稿、团购合作：请发邮件至 art@phei.com.cn。

前言

Preface

之前，我只是一个 BJD（球型关节人偶）爱好者，未敢想象有一天能将这份热爱变为职业。然而，命运的神奇之处就在于它总能在不经意间为我们带来惊喜。如今，我不仅实现了梦想，还将其融入我的日常生活之中，每天都过得充实而有意义。每当我的女儿蹦蹦跳跳地来到我的工作室，将各种精美的小饰品小心翼翼地装进口袋时，那满足而又纯真的笑容总能瞬间消除我所有的疲惫与压力。她的存在让我更加珍惜我现在所拥有的一切，也让我更加坚定地走在追求梦想的道路上。

非常荣幸，能通过这样的方式与大家分享我的马海毛造型假发的制作过程。打理假发看似简单，实则需要一定的技巧与耐心。虽然文字和图片能帮助我们初步了解整个制作过程，但要想真正掌握其中的精髓，我们还需要不断地去实践与探索。

编发手法千变万化，每个人都有自己独特的方式与风格。我的方法只是众多方法中的一种。每天，我都会尝试新的思路和方法，以不断优化和完善自己的设计作品。我相信，只要我们有足够的耐心与毅力，就一定能够创作出令人惊艳的作品。

需要特别提醒的是，我参与写作的现代编发内容主要针对的是马海毛材质的假发。与高温丝等其他材质相比，马海毛具有更加柔软和易于上手的特性。因此，在大家阅读本书并进行跟随练习时，我建议大家选择马海毛材质的假发来进行实践。这样不仅能更好地掌握书中的技巧与方法，还能确保最终的效果达到最佳状态。

欢迎大家将自己制作的成品拍成照片发给我。如果有不明白的地方，也欢迎大家随时与我沟通。

是娜娜呀

2024 年春

目录 / Contents

001

第 1 章
古风盘发的材料与工具

1.1 假发材质介绍   002

1.2 常用的工具   003

1.3 发片 / 发排 / 发包的制作   005

1.4 假发分区   008

1.5 审美的培养   010

015

第 2 章
现代造型假发的常用技法

2.1 如何做出漂亮的长卷   016

2.2 如何打造高颅顶   017

2.3 如何修剪中分刘海儿   019

2.4 如何修剪齐刘海儿   020

2.5 编发的基础手法   023

    2.5.1 两股辫的编法   023

    2.5.2 2+1 的编法   025

    2.5.3 3+1 的编法   026

    2.5.4 4 股圆辫的编法   028

    2.5.5 4 股扁辫的编法   030

033

第 3 章
古风盘发造型·栗仁仁篇

3.1 敦煌飞天造型 视频   034

3.2 披发垂云髻造型   044

3.3 牡丹戏曲造型 视频   050

3.4 清汉女造型 视频   057

3.5 唐风富贵拔丛髻   064

3.6 多环髻造型   074

085

第 4 章
古风盘发造型·火玥儿篇

4.1 花神髻造型 视频   086

4.2 磁吸可替换发髻款造型   091

4.3 手钩美人尖唐风全盘造型 视频   097

4.4 清冷风日常半披发造型 视频   104

111

第 5 章
古风盘发造型 · 梦花亭 – 枫染篇

5.1　唐风宫廷造型 112

5.2　唐风少女双髻造型 118

5.3　武侠风少女造型 视频 125

5.4　仙侠风单髻造型 视频 128

5.5　仙侠风双环造型 视频 131

5.6　仙侠风双髻造型 135

141

第 6 章
现代编发案例 · 是娜娜呀篇

6.1　蝴蝶结丸子造型 142

6.2　奥黛特公主造型 视频 148

6.3　优雅新中式造型 156

6.4　可爱波波卷发造型 视频 164

6.5　人鱼公主造型 视频 172

185

后记

第 **1** 章

古风盘发的材料与工具

市面上的假发有很多种材质，主要有高温丝、特软高温丝、马海毛、牛奶丝等。制作古风盘发最常用的基础底发是黑色中分长直高温丝假发。

特软高温丝假发如下图所示。可以看出，特软高温丝假发的发丝又细又软。

高温丝假发如下图所示。可以看出，与特软高温丝假发相比，高温丝假发的发丝更粗，发质也更硬，在制作古风盘发中的拉环及扯片时会更挺括，所以高温丝假发更多地被用于制作古风盘发。

特软高温丝假发

高温丝假发

马海毛是动物毛，所以以马海毛假发有自然的弧度，比高温丝假发及特软高温丝假发更细软，可以用于制作仿真度更高的盘发。但其缺点是长度不会太长，可以用于制作古风的全盘发；如果要用于制作半披发，就只适用于小尺寸 BJD，不适用于三分及以上的大尺寸 BJD。本书后续的现代编发案例使用的假发都是马海毛假发。

牛奶丝假发的实物光泽度比较高，所以不太适用于古风盘发的制作。

1.2 常用的工具

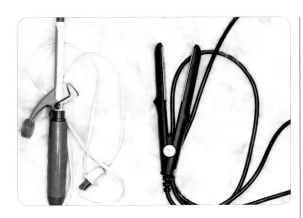

● 烫发组工具

9mm 卷发棒：用于烫弧度比较小的刘海儿。

板面宽 18mm 的直板夹：可以用于烫顺假发，也可以用于烫弧度比较大的刘海儿。

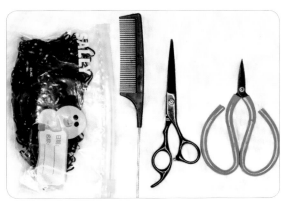

● 修剪组工具

皮筋：用于固定。

尖尾梳：用于梳顺假发和给假发分区。

平剪：用于剪刘海儿和一般修剪。

尖嘴剪：非常锋利，用于修剪多余的发尾和细节处的杂毛。

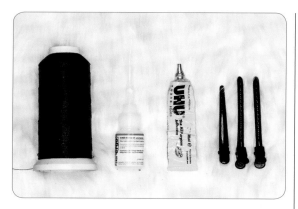

- 固定组工具

    黑色流苏线：非常牢固且容易黏合，用于固定。

    ergo5400 快干胶水：用于二次固定细节和发尾。

    UHU 胶水：用于固定发片和局部造型。

    鸭嘴夹：用于辅助固定发丝，以固定造型。

- 辅助造型组工具

    假发护理油：用于让假发顺滑、服帖。

    假发发蜡：用于捏造型。

    定型啫喱：用于挽两侧的发丝，若配合发蜡使用，则效果更佳。

- 填充组工具

    黑色超轻黏土：用于填充发包，以便做出立体感更强的形状。

- 定型组工具

    霹雳胶：用于做全盘发后脑勺造型等局部造型。

    定型喷雾：用于全头定型，使发型更牢固。

1.3 发片/发排/发包的制作

● 发片的制作

平角发片的制作

取一缕发丝，将其一端剪齐，将 UHU 胶水涂在发丝上，用手指捋平余胶，发片就制作完成了（注意：可按照需求在捋平发片的过程中调整发片的厚度）。

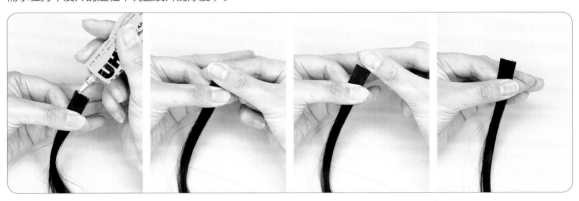

斜角发片的制作

取一缕发丝，将其一端剪齐，用左手将发丝向斜上方轻推，至发丝端面达到想要的角度后停止。将 UHU 胶水涂在发丝上，用手指捋平余胶，斜角发片就制作完成了。

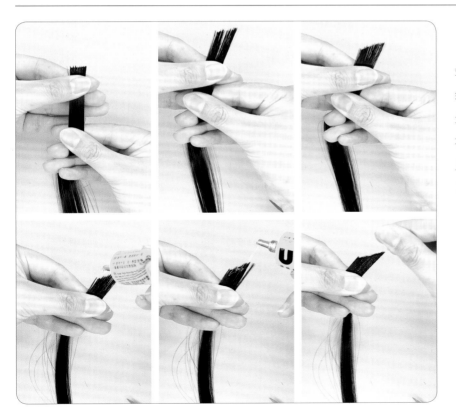

● 发排的制作

取一缕发丝，将其一端剪齐，放在垫板上梳齐，使发丝越薄越好。将 Aleene's 胶水涂在发丝前端，等 Aleene's 胶水干透后，发排就制作完成了。这种制作发排的方法多用在马海毛假发上。

下面是假发厂用机器制作出来的发排，一般用于假发底发的制作。

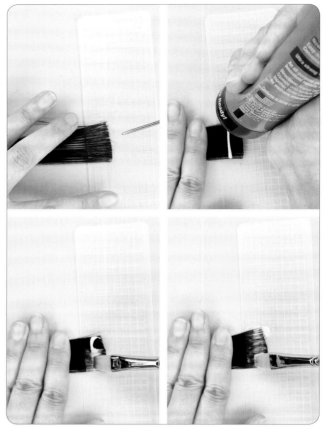

● 发包的制作

在制作发包时，常用的材料与工具为剪刀、铁丝、热熔胶枪、热熔胶棒、发丝（最好是牛奶丝材质的）、发棒材料（珍珠棉、EVA、电线软管、黏土、泡沫等）。在制作过程中，大家可以根据自己想要的形状选择材料与工具。

下面介绍用 3 种发棒材料制作发包的方法。

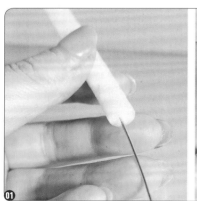

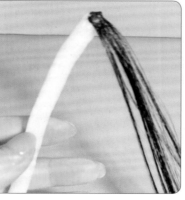

用珍珠棉圆棒制作发包

01 将铁丝从珍珠棉圆棒底部穿过，在穿到另一端后用热熔胶进行固定。这样做是为了更好地给发包塑型。珍珠棉圆棒是比较适合初学者使用的材料。取一缕发丝，将它粘贴在珍珠棉圆棒的一端。

02 慢慢地将发丝缠绕到珍珠棉圆棒上，正缠和反缠都可以。在缠绕的时候，可以用左手的食指进行按压，以防发丝松开。在缠绕好后，用热熔胶进行收尾。

03 将发包弯曲成自己想要的形状。

用 EVA 制作发包

01 拿出一根铁丝和一块 EVA，用热熔胶将铁丝固定在 EVA 上。

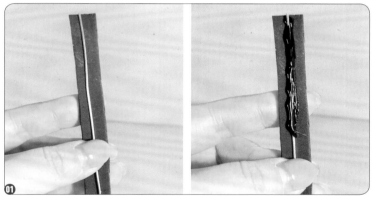

02 取一缕发丝，将其粘贴在 EVA 背面，用左手的食指进行按压，将发丝慢慢地缠绕到 EVA 上。用热熔胶进行收尾，将其弯曲成自己想要的形状。

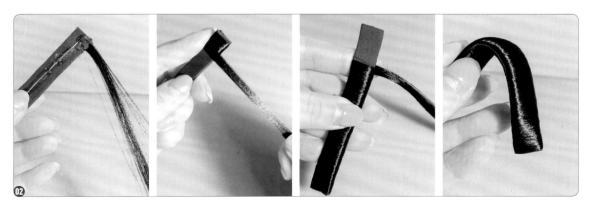

01 拿出一块黏土（可以用超轻黏土，也可以用其他类型的黏土），将它揉成想要的牛角包形状，将发丝粘贴在晾干了的牛角包形状的黏土上。

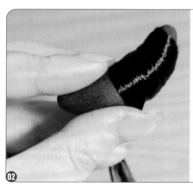

02 将发丝顺着牛角包的形状缠绕，如果牛角包太过光滑，那么可以使用珠针进行固定。在将牛角包形状的黏土完全包裹住后，将多余的发丝剪掉，并用热熔胶进行固定。如果在缠绕的过程中滑丝，那么可以先用霹雳胶（稀释过的）或清水涂抹发丝，以减小缠绕难度。

1.4 假发分区

● 半披造型

一般只需要进行耳前分区，取左右两侧的发丝挽向后脑勺并进行固定即可。

如果有造型需要，那么可以将两侧耳前的发丝进行二次、三次分配，以达到自己满意的效果。

● 全盘造型

在半披发两侧耳前分区的基础上，对后脑勺的发丝进行分区，并逐层贴合。

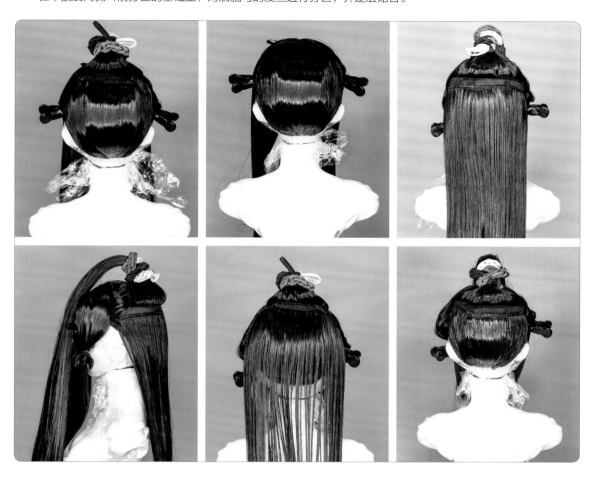

也可以在此基础上根据造型需要，用发片在后脑勺进行绕圈固定，以增加层次感。

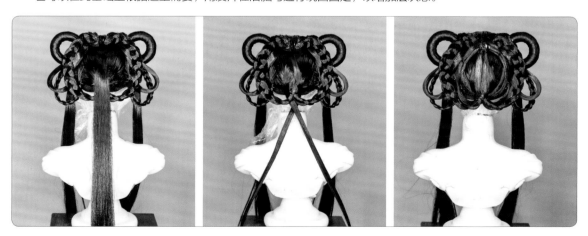

● 刘海儿分区

从前侧发丝中取底层的发丝进行修剪，根据需要进行修剪、卷烫即可。

1.5 审美的培养

在学习制作盘发时，我们要注意培养审美。这里所说的审美不只是指对假发的审美，也包含对空间感的掌握、发饰与假发的互补搭配。下面，我将用分类的方法简单概括假发的常用类型和在制作中需要注意的搭配问题及手法、技巧。

● 对称发型

对称发型两侧的发包、发丝对称，给人一种对称美。一般这种发型都要求干净、利落，不会有多余的碎发。对称发型在敦煌飞天造型中比较常见。在如下图所示的敦煌飞天造型中，我搭配了华丽的发饰，中间留了一根流苏，以减小前端较大的空白区域；我还使用了发带，这是为了增加纵深感。

可爱型的对称发型也是经常出现的一种发型，一般会出现小碎发、刘海儿、小辫子，并在耳侧有双环或者在头顶有双环。碎发可以增加俏皮感，弱化对称、板正的感觉。

对称发型在大型上一定要形成长方形或者正方形。不对称发型的重心可以偏向两侧或者一侧。若重心偏向两侧，则中间一定要保留完整的发包，用来进行留白处理，发包不宜太过复杂、凌乱。左图中的发型是左右两侧的发包大体等量但重心偏向左侧（模特左侧，后文同）的一款发型。

● 华丽款大发包

这种造型一般做得比较大，所以对称和不对称的发包都会出现。

如果想把对称发型做出华丽的感觉，就必须增加上方发包的高度和宽度，发包的高度至少要与脸的长度一样。注意：一定要同时增加高度和宽度，否则就会出现倒锥形的奇怪感觉。

右图中的发型是左右两侧的发包不等量且重心偏向左侧的一款发型。这种发型一侧发包多，一侧发包少，发包少的那一侧是佩戴发饰的一侧。这样在佩戴发饰后，就形成了一个长方形，使得左右平衡而更有美感。

- 不对称发型

不对称发型分为单侧不对称和斜对角对应对称两种。一般来说，单侧不对称会偏向左右任意一侧，发包可以在上方，也可以在左右两侧；一般用于清汉女造型或者比较日常的造型；在制作时可以适当地抽丝，或者增加发丝来营造氛围感。斜对角对应对称如下图所示，一般是斜对角对称，两点呼应对称可以集中视线焦点。这时，不宜在右上方和左下方添加过多的发丝或者发包，否则会使重心点偏移。

在没有发包的右上方和左下方佩戴发饰（见左图），让整体的造型形成正方形，这样就不会显得突兀，反而更加美观。

戏曲造型

敦煌飞天造型

清汉女造型

手推波造型

● 其他造型

其他造型包含扯片类造型、下垂式造型、手推波造型等。扯片类造型，顾名思义，是指用发片扯出 U 形后粘贴在毛坯上而形成的类似于京剧贴片子一样的铜钱头，一般用来做戏曲造型和敦煌飞天造型。若用来做戏曲造型，则发包不能过高；若用来做敦煌飞天造型，则需要制作高耸的发包，形成类似于佛祖头的倒三角形状。下垂式造型一般为上窄下宽的造型，这种造型一般是清代的发型（如清汉女造型），下方的发包上多用珠翠点满，以转移视线。手推波造型多用来做明代牡丹头和民国造型，在做造型时，要用手辅助将发丝推拉成有规律的波浪形状，一般头上的发包不对称且是偏分的。

第 2 章

现代造型假发的常用技法

方法一 打开卷发棒的夹片，取适量发丝（以薄薄一层，能盖满卷发棒的量为宜），从卷发棒底端开始沿同一方向缠绕至卷发棒顶端。合上卷发棒的夹片，等待几秒后打开卷发棒的夹片，抽出卷发棒。

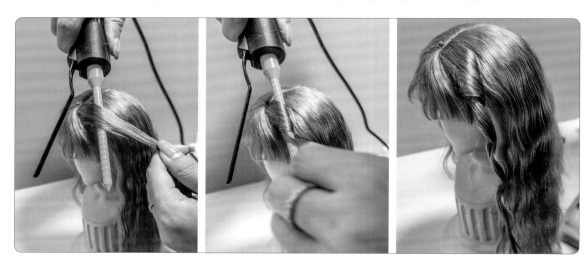

方法二 打开卷发棒的夹片，用卷发棒顶端夹住发丝，将发丝沿同一方向缠绕卷发棒，一直缠绕到卷发棒底端。在等待几秒后轻轻按住卷发棒的夹片，抽出卷发棒。

方法三 用卷发棒或者直板夹夹住发丝顶端，在使发丝与头成一定角度后往下拉卷发棒或者直板夹。

注意：不同的卷发棒大小、温度、卷发速度都会影响最终卷出来的效果。我们可以根据自己想要打造的不同造型来使用不同的卷发方法，需要多次练习。用这3种不同的卷发方法卷出来的效果不一样，我们根据需要选择适合自己的卷发方法即可。

2.2 如何打造高颅顶

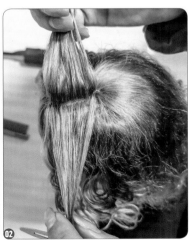

01 在把假发全部卷好后，从头顶发缝处分出厚度为 2~3mm 的发丝。

02 将这部分发丝分成至少 2 个区域，先夹靠里的发丝。

03 用 6mm 卷发棒反着夹住假发顶端（贴近头皮）并快速往外翻转，直到夹出一个好看的圆弧。

04 使用同样的方法夹靠外的发丝，不断重复，直到做出让自己满意的效果为止。

05 右侧颅顶（发丝没有被夹过）和左侧颅顶（发丝被夹过）的对比如左图所示。

　　大家需要不断练习这种方法，否则容易夹出一道印子。这种方法的要点是速度要快。因为卷发棒夹的发丝较少，所以用它处理过的发丝较自然、好看。注意：要处理好打造出高颅顶的发丝和下面发丝的衔接。

2.3 如何修剪中分刘海儿

01 取出适量刘海儿，将后面的发丝夹住。

02 确定刘海儿的长度，在比确定的长度长 2cm 处，用平剪与刘海儿成 30° 角向下剪。

03 在剪完后，用牙剪竖着打薄过渡，修剪到想要的长度即可。

01 分出齐刘海儿的区域（厚刘海儿可以多分一些，薄刘海儿可以少分一些），分别从两侧头顶画小三角。

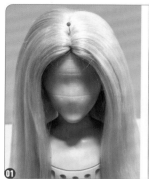

02 用手夹住全部刘海儿并拉紧，用蒸汽机平烫，直到刘海儿乖乖往前为止。

03 将刘海儿分成上下两部分，将上半部分刘海儿用鸭嘴夹夹到头顶。

04 将剩余的发丝分成 3 缕，先剪中间这一缕，大概在鼻梁中间的位置，横向剪断。

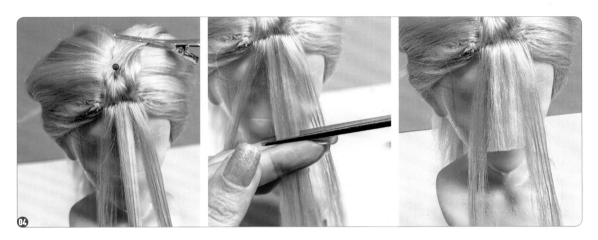

05 修剪左右两侧的发丝，在修剪的时候将平剪倾斜一些，让两侧的发丝略长过中间的发丝。

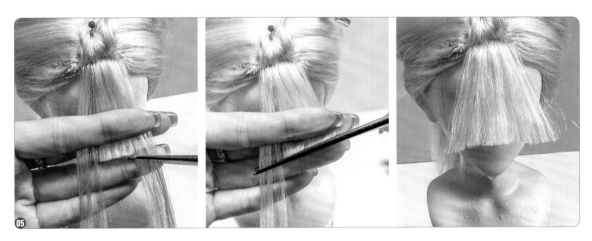

06 用牙剪修剪发丝，使得发尾过渡自然。如果喜欢空气刘海儿，那么可以用牙剪将刘海儿打薄一些。

07 用同样的方法处理上半部分刘海儿。

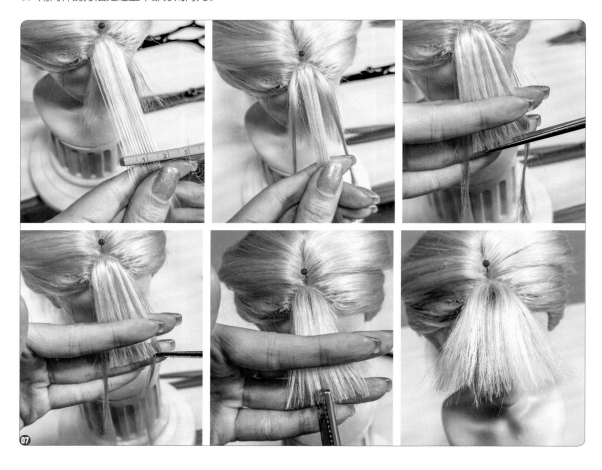

08 用 6mm 卷发棒把刘海儿轻微烫卷。

09 用手对刘海儿进行卷度的调整和固定。

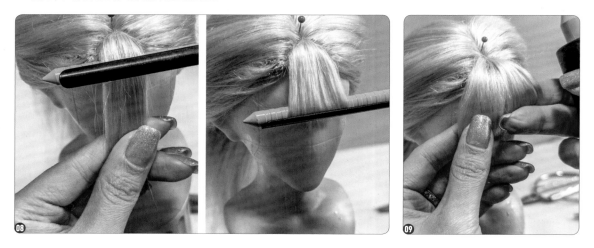

10 不断重复步骤 08 和步骤 09 来调整刘海儿，直至得到满意的形状。

11 齐刘海儿制作完成。

  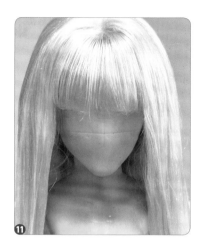

2.5 编发的基础手法

2.5.1 两股辫的编法

01 取出两缕数量大致相同的发丝。

02 将两缕发丝同时按逆时针方向转两圈。

 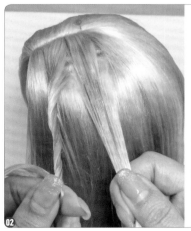 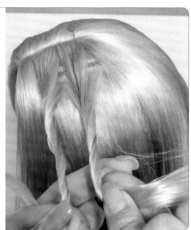

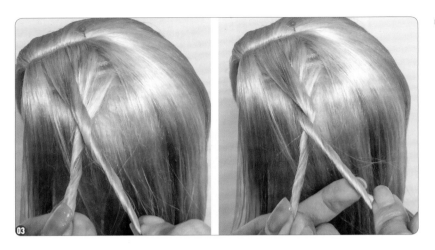

03 将两缕发丝按顺时针方向相交扭转。

04 重复步骤 02 和步骤 03，即在将两缕发丝按逆时针方向自身扭转两圈后，按顺时针方向相交扭转，直到结束。这一步的要点是，两缕发丝自身扭转和相交扭转的方向必须是相反的，这样编出来的假发就不会散开了。

2.5.2　2+1 的编法

01 取两缕数量大致相同的发丝，先将其各自按逆时针方向自身扭转，再按顺时针方向相交扭转。

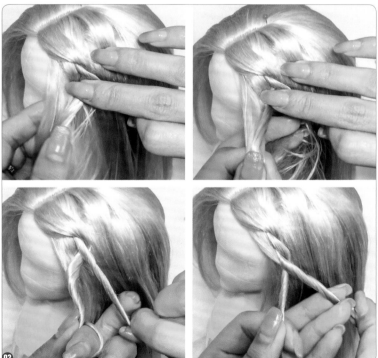

02 按住已经相交的发丝，从左侧另取一缕发丝汇入左侧的发丝中，先将发丝按逆时针方向自身扭转，再与右侧的发丝按顺时针方向相交扭转。

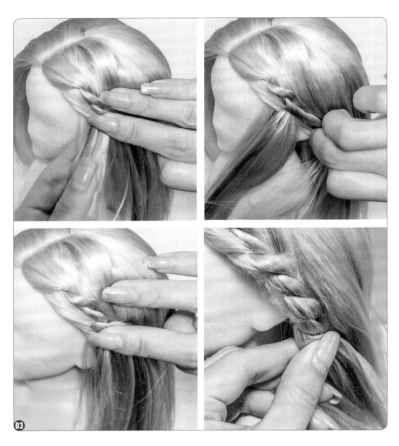

03 重复步骤 02，直到编完为止。

2.5.3　3+1 的编法

01 取出 3 缕数量大致相同的发丝，先编一组 3 股辫。

02 先从左侧另取一缕发丝，将其加入左侧的发丝中，再将它们一起编到 3 股辫中。

03 先从右侧另取一缕发丝，将其加入右侧的发丝中，再将它们一起编到 3 股辫中。

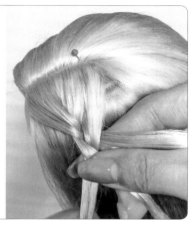

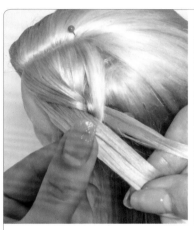

04 重复步骤 02 和步骤 03，直到编完为止。

05 编完一侧以后的样子如下图所示。

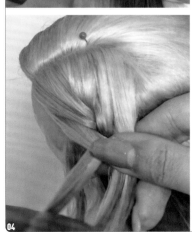

2.5.4　4 股圆辫的编法

01 将所有发丝等分成 4 缕。

02 把中间的两缕发丝以右压左的方式相交。

03 将右手从右侧两缕发丝的中间绕到最左侧，在抓住最左侧的发丝后回来，将最左侧的发丝编入相交的发丝中。

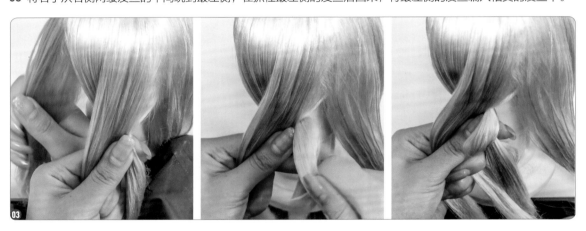

04 将发丝从左手换到右手并抓紧，将左手从左侧的两缕发丝的中间穿过，到最右侧，在抓住最右侧的发丝后回来，将最右侧的发丝编入相交的发丝中。

05 换手，重复步骤03和步骤04，直到编完为止。

06 完成以后的样子如左图所示。

2.5.5 4 股扁辫的编法

01 将所有发丝等分成 4 缕。

02 将中间的两缕发丝以右压左的方式相交。

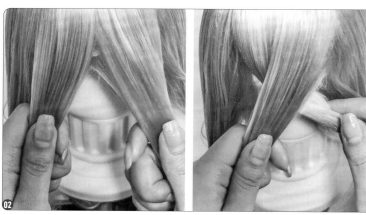

03 把最左侧的那缕发丝压到第二缕（从左向右数）发丝上。

04 换手，用左手抓住编好的发丝，把右侧靠左侧的发丝压到最右侧的发丝上。

05 将中间的两缕发丝相交，将右侧的发丝压在左侧的发丝上。

06 重复步骤 03~05。简单来说，如果按照从左到右的顺序给发丝编号 1、2、3、4，那么口诀为 1 压 2，3 压 4，中间相交右压左，重复 1 压 2，3 压 4，中间相交右压左。

07 完成以后的样子如下图所示。

第 **3** 章

古风盘发造型·栗仁仁篇

　　需要准备的材料与工具有头台、毛坯（高温丝材质）、皮筋、镊子、平剪、尖尾梳、鸭嘴夹、珠针、胶水（霹雳胶混合一些白胶）、刷子、泡沫、铁丝、热熔胶枪、热熔胶棒、发丝（牛奶丝材质和高温丝材质）、3股辫、清水。

01 在构思好整体造型后，将毛坯套到头台上，保证中缝在中间位置。用镊子将发丝分区，分出两侧的刘海儿并用皮筋扎住，以防不同区域的发丝混杂。

02 将后面要剪短的发丝抓在一起，用平剪剪短。不用剪得太短，长度到脖子处即可，方便后续的修剪。将后脑勺上半部分的发丝扎起来，作为后脑勺的发基；将下半部分的发丝用平剪剪短，留下如下图（右图）所示的长度，涂上热熔胶。

03 给整个后脑勺涂满热熔胶，并把热熔胶的表面处理干净（可以用热熔胶枪的枪头把表面烫平整）。将上半部分的发丝放下来，涂上胶水，用尖尾梳梳顺，让胶水充分浸透到发丝中。用尖尾梳将发丝捋服帖。

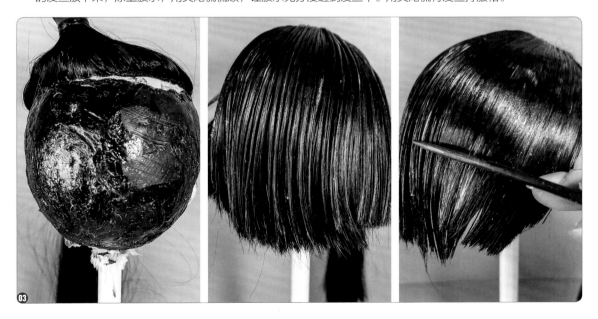

04 用手或者镊子将发丝贴着脑壳抚平下来，使其尽量完全贴合脑壳。等待一段时间，让胶水稍微干一下，当达到有点硬但不是太硬的时候就可以进行下一步了。将多余的发丝剪掉，用左手固定好发丝（防止发丝乱动），用右手给发丝底部涂上胶水，并用热熔胶固定发丝（请大家不要学我徒手接触热熔胶，因为我的手经常接触热熔胶，已经有老茧，所以不怕烫）。

05 将发丝底部固定好，晾一会儿再进行下一步。取一缕发丝（高温丝材质），用热熔胶（也可以用 UHU 胶水，但 UHU 胶水干得比较慢，所以我使用的是热熔胶）将发丝一端固定。将发丝用热熔胶固定在之前分区的刘海儿下方（需要确保两侧的发丝可以完全遮盖胶痕）。

06 在脑壳底部插上5根珠针,防止发丝滑动。给发丝涂上胶水(我喜欢用热熔胶,其他胶水也可以)并用尖尾梳梳顺,用镊子捋平。顺着脑壳的方向慢慢抚平发丝。将发丝顺着后脑勺底部绕到左侧的刘海儿分区下方,用热熔胶进行固定(需要确保两侧的发丝可以完全遮盖胶痕),晾一会儿,等热熔胶干透。

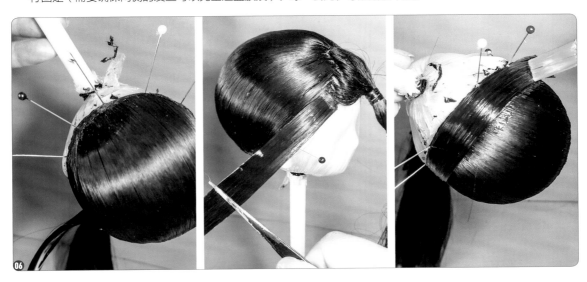

07 在热熔胶干透后,将前侧刘海儿上的皮筋解开,并给右侧的刘海儿涂上胶水,用尖尾梳梳顺。

08 用镊子捋平发丝，用右手的食指和中指夹住发丝，将发丝抚平（也可以用右手按住发丝），用左手扯着发丝尾部往上拉。

09 用左手的大拇指按住发丝最下端，用鸭嘴夹或珠针固定住整缕发丝。用尖尾梳把剩余的发丝尾部向上梳，将发丝尽量按到同一个点上，用鸭嘴夹进行固定。

10 用同样的方法将左侧的刘海儿弄好，将多余的发丝剪掉，用热熔胶将发丝固定在同一个位置，等待晾干。

11 拿出涂黑后的泡沫（所有需要做造型的和有硬度要求的发包都需要添加铁丝，用热熔胶将铁丝固定在泡沫的背面），取一缕发丝（牛奶丝材质），用热熔胶固定好发丝的一端，将发丝固定的一端粘在泡沫上，顺着泡沫的形状慢慢地将发丝缠绕上去，做成发包。

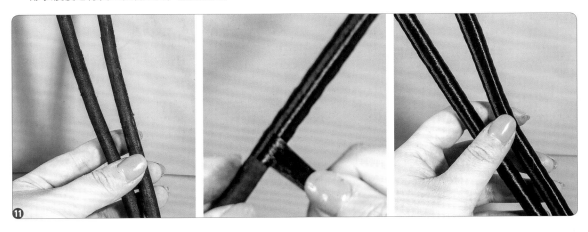

12 在缠绕完后，可以先将发包大致地掰成自己想要的形状，再用热熔胶连接前后两端。

13 拿出另一个泡沫，将它涂成黑色（这是为了防止在贴完发丝后露白），粘贴在已经晾干的毛坯上。

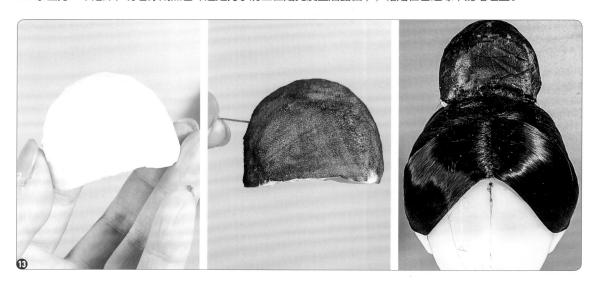

14 取一缕发丝（高温丝材质），用热熔胶将它粘贴在泡沫的前端，给发丝涂上胶水，顺着泡沫的形状捋下去。

15 用热熔胶将发丝固定在后脑勺上，接着贴第二缕发丝（高温丝材质）。这时要斜着贴，否则会固定不住而往下滑。

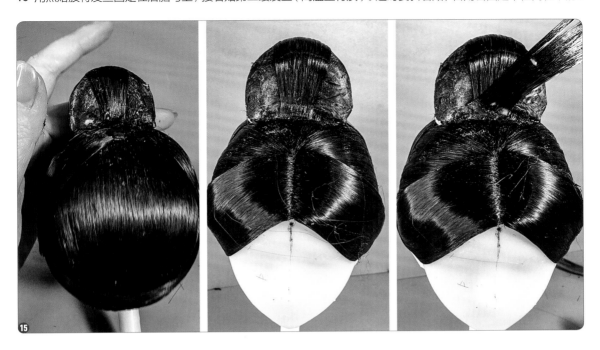

16 在将泡沫贴满后，取一缕发丝（高温丝材质），将其粘贴在后脑勺中间露胶的位置，用发丝缠绕一圈，在中间对发丝进行收尾，以遮盖胶痕。给发丝涂上胶水并用镊子捋平。

17 顺着发包的前端将胶痕全部遮住。将发丝尾部用热熔胶固定在开头的地方。在固定完成后，给发包涂满胶水，等待晾干。

18 再贴两缕发丝（牛奶丝材质，用于遮圆形发包）。将两个发包用热熔胶固定在后脑勺上，在贴好后调整一下形状。

19 给左右两侧的发丝涂上胶水并将其剪短，向内侧按住，以遮盖圆形发包的连接处。

20 取一缕发丝（牛奶丝材质），绕着两个圆形发包环绕粘贴，以遮盖小胶痕和加固发包。

21 拿出一根编好的 3 股辫（不要太粗），固定好前端，让前端变硬，并把 3 股辫盘成蚊香状。先用大拇指和中指捏着 3 股辫进行固定，再用珠针插进去进行固定。在将 3 股辫继续缠一圈后，从与已经插进去的珠针成 90°角的方向插入一根珠针，形成十字架的形状。

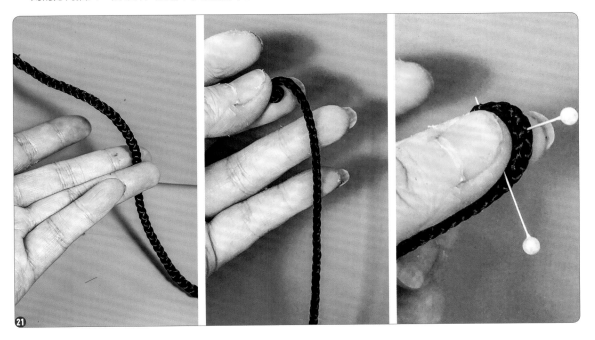

22 在 3 股辫里面涂上热熔胶进行固定，用热熔胶进行收尾，把它粘贴在最终暴露的胶痕上。

23 在完成所有收尾工作后，用清水 + 胶水给整体薄薄地涂一层。用刷子蘸取清水，轻轻地将胶痕刷掉。最后，给假发戴上发饰。

3.2 披发垂云髻造型

需要准备的材料与工具有头台、毛坯（高温丝材质）、弹力绳、皮筋、镊子、平剪、尖尾梳、鸭嘴夹、珠针、胶水（霹雳胶混合一些白胶）、刷子、泡沫、铁丝、热熔胶枪、热熔胶棒、发丝（牛奶丝材质和高温丝材质）、清水、3股辫。

01 在构思好整体造型后，将毛坯套到头台上，保证中缝在正确的位置。用镊子将发丝分区，分出两侧的刘海儿并用皮筋扎住，以防不同区域的发丝混杂。将后面的发丝用皮筋扎住，给后脑勺的上半部分涂上胶水。

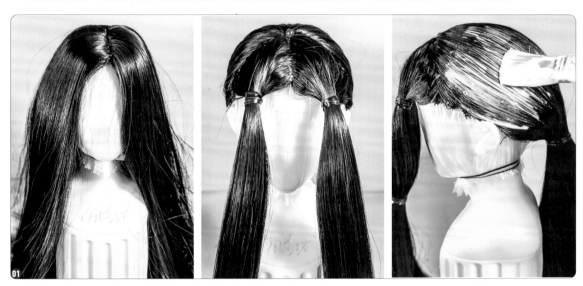

02 用尖尾梳抹平表面的胶水，放在一边，等待晾干。从刘海儿中分出前端的两缕发丝并剪掉。

03 给左侧的发丝涂满胶水，用尖尾梳梳顺，保证胶水浸透发丝，并用镊子将发丝捋平。

04 用右手的食指和中指夹住发丝，用左手将剩余的发丝往上拉，用左手的大拇指按住下端的发丝，用尖尾梳将上端的发丝梳顺。

05 将多余的发丝剪掉，用热熔胶对发丝进行固定。

06 用同样的方法将左侧的发丝固定好并等待晾干。取一缕发丝（高温丝材质），在中间用弹力绳绑好，用热熔胶将其粘贴到发缝中间。

07 给右侧的发丝涂满胶水并梳顺，用右手捏住发丝，用左手将发丝往上拉（可以用珠针进行固定），将多余的发丝剪掉。

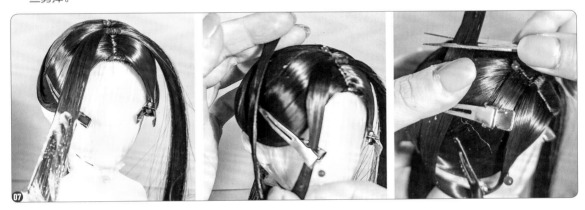

08 用热熔胶对发丝进行固定，等待晾干。用同样的方法将左侧的发丝固定好。拿出已经剪好的泡沫，在它们的背面粘上铁丝，将其弯曲成自己想要的形状。将发丝（牛奶丝材质）粘到泡沫上，并顺着泡沫的形状进行缠绕，做成发包。

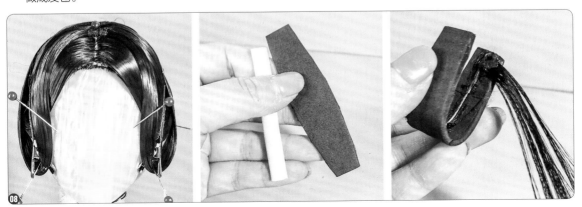

09 在将所有发包都做好后，取一缕发丝（高温丝材质），用热熔胶将其粘贴在发缝中间并涂上胶水、梳顺。

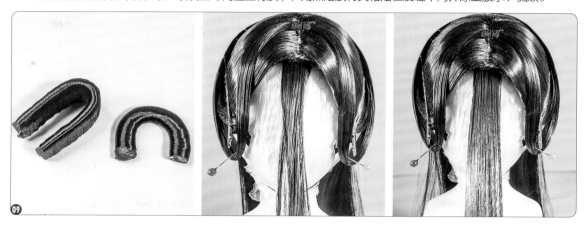

10 将发丝往后拉，让它贴在头皮上并用热熔胶进行固定，之后，将做好的发包用热熔胶粘到假发上。

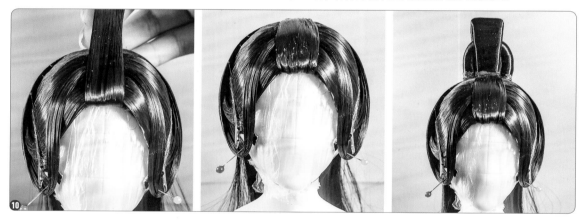

11 取一缕发丝（高温丝材质和牛奶丝材质都可以），将它固定在后脑勺中间，在涂上胶水并梳顺后，顺着发包的
方向用发丝将发包底部的胶痕遮住。

12 将剩余的发丝用热熔胶粘在后脑勺的同一个位置，拿出一根编好的 3 股辫，将其粘在后脑勺中间。

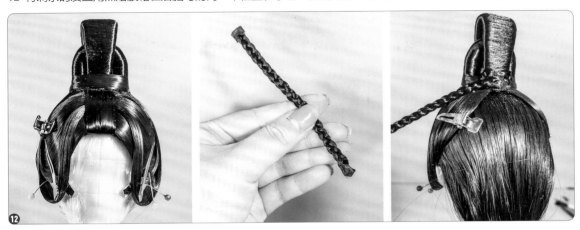

13 将 3 股辫顺着发包底部缠绕、粘贴。再拿出一根编好的 3 股辫，固定好前端，让前端变硬，并将 3 股辫盘成蚊香状。先用拇指和中指捏着 3 股辫进行固定，再用珠针插进去进行固定。

14 在将 3 股辫继续缠一圈后，从与已经插进去的珠针成 90° 角的方向插入一根珠针，形成十字架的模样。

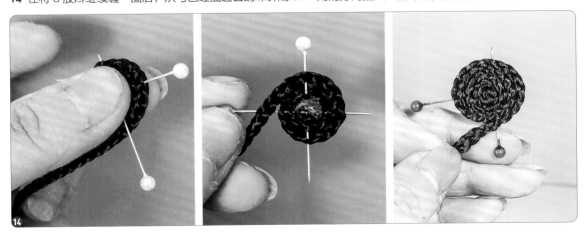

15 在 3 股辫里面涂上热熔胶进行固定，用热熔胶进行收尾，把它粘贴在最终暴露的胶痕上。

16 等热熔胶干透后，将假发从头台上取下来，用刷子蘸取清水，轻轻地将胶痕刷掉。最后，给假发戴上发饰。

3.3 牡丹戏曲造型 视频

需要准备的材料与工具有头台、毛坯（高温丝材质）、皮筋、镊子、平剪、尖尾梳、鸭嘴夹、珠针、胶水（霹雳胶混合一些白胶）、刷子、EVA、铁丝、电线管、热熔胶枪、热熔胶棒、发丝（牛奶丝材质和高温丝材质）、卷发棒、直板夹、3 股辫、清水。

牡丹戏曲造型

01 在构思好整体造型后，将毛坯套到头台上。因为这次设计的发型是偏分的，所以不需要对齐中缝。用镊子将发丝分区，分出两侧的刘海儿并用皮筋扎住，以防不同区域的发丝混杂。将两侧最外面多余的发丝略微修剪一下。

02 给后脑勺上半部分涂满胶水，等待晾干。将发缝分成斜的，用卷发棒烫平整。

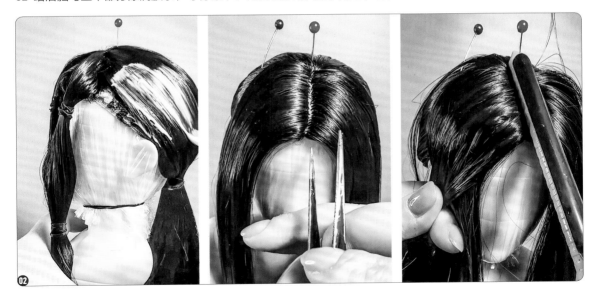

03 用直板夹将发丝拉直，用尖尾梳分出两部分发丝，用来做手推波造型。

04 给右侧的发丝涂上胶水，用尖尾梳梳顺，用镊子抒平。用右手的中指和食指将发丝夹住，用左手把剩余的发丝往上拉。

05 用鸭嘴夹固定好发丝，将上端的发丝抒顺，把多余的发丝剪掉，用热熔胶进行固定。

06 将刚刚分出来的其中一缕发丝拿下来，涂上胶水并梳顺。用右手的大拇指捏住发丝，用左手将发丝固定在发丝长度 1/3 的位置，用鸭嘴夹夹住，用珠针进行固定。

07 用手将发丝弯曲成波浪的形状。左手的大拇指一直起到辅助固定的作用，不能松开。将第二个"波浪"用鸭嘴夹进行固定，将剩余的发丝拢到头顶，剪掉多余的发丝，用热熔胶进行固定。

08 将另外一缕发丝拿下来，剪短，涂上胶水并梳顺，将其弯曲成一个大的 U 形并固定在头顶。从左侧分出一缕发丝，用来做手推波造型。

09 按照之前的方法，把左侧的发丝固定在头顶。

10 用鸭嘴夹固定住发丝，剪掉多余的发丝，用热熔胶进行固定。将刚刚分出来的发丝拿出来。

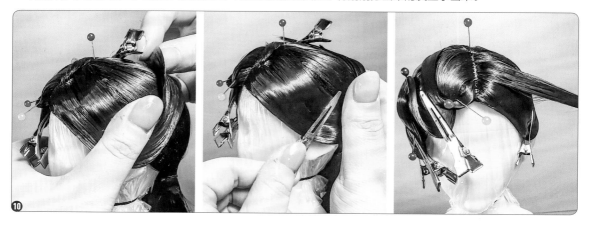

11 给发丝涂上胶水并梳顺，将其弯曲成 U 形，用鸭嘴夹进行固定，用珠针辅助固定。剪掉多余的发丝，用热熔胶进行固定，放在一边，等待晾干。拿出电线管。

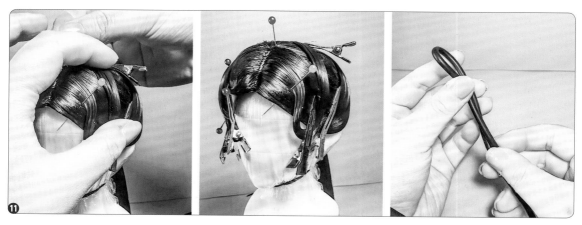

12 取一缕发丝（牛奶丝材质），将发丝固定在电线管上，并顺着电线管的形状缠绕，做成发包。拿出裁剪好的 EVA，用热熔胶将铁丝固定在 EVA 上，取一缕发丝（牛奶丝材质），将发丝缠绕在 EVA 上，做成发包。用热熔胶将做好的发包固定在头上。

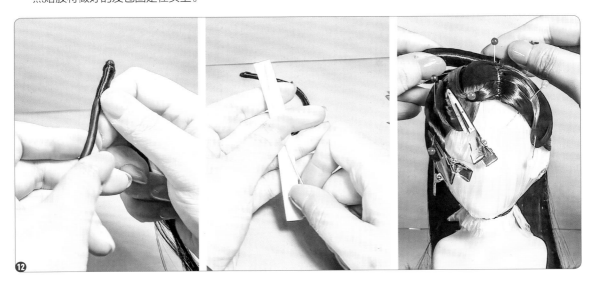

13 发包固定好后的样子如下图（左图）所示。取一缕发丝（高温丝材质），将其粘贴在后脑勺上，沿着发包的走向盖住露出的胶痕。不断添加发包，并在添加发包的过程中调整发包的形状和位置。

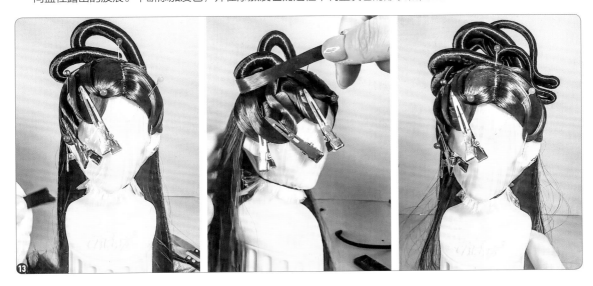

14 取一缕发丝（高温丝材质），将其插入发包的空隙中，用来遮盖露出的发丝。拿出一根编好的 3 股辫（不要太粗），固定好前端，让前端变硬，并将 3 股辫盘成蚊香状。先用大拇指和中指捏着 3 股辫进行固定，再用珠针插进去进行固定。在将 3 股辫继续缠一圈后，从与已经插进去的珠针成 90° 角的方向插入一根珠针，形成十字架的模样。

15 在 3 股辫里面涂上热熔胶进行固定，用热熔胶进行收尾，把它粘贴在最终暴露的胶痕上。用刷子蘸取清水，轻轻地将胶痕刷掉。

16 给假发戴上发饰。

需要准备的材料与工具有头台、毛坯（高温丝材质）、弹力绳、皮筋、镊子、平剪、尖尾梳、鸭嘴夹、珠针、胶水（霹雳胶混合一些白胶）、刷子、电线管、铁丝、热熔胶枪、热熔胶棒、发丝（牛奶丝材质和高温丝材质）、3股辫、清水。

01 在构思好整体造型后，将毛坯套到头台上，保证中缝在正确的位置。用镊子将发丝分区，分出两侧的刘海儿并用皮筋扎住，以防不同区域的发丝混杂。将后面要剪短的发丝抓在一起，用平剪剪短。不用剪得太短，长度到脖子处即可，方便后续的修剪。

02 将后脑勺上半部分的发丝扎起来，作为后脑勺的发基；将下半部分的发丝剪短，留下如下图（中图）所示的长度，给后脑勺涂满热熔胶，并把热熔胶的表面处理干净（可以用热熔胶枪的枪头把表面烫平整）。

03 将上半部分的发丝放下来，涂满胶水，用尖尾梳梳顺，让胶水充分浸透到发丝中。用镊子将发丝捋服帖。

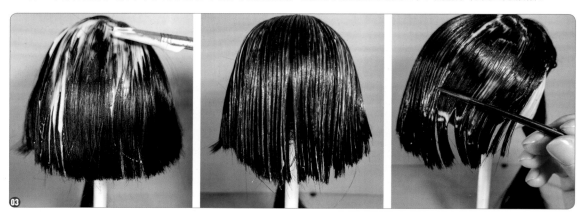

04 用手或者镊子将发丝贴着脑壳抚平下来，使其尽量完全贴合脑壳。等待一段时间，让胶水稍微干一下，当达到有点硬但不是太硬的时候就可以进行下一步了。将多余的发丝剪掉，用左手固定好发丝（防止发丝乱动），用右手给发丝底部涂上胶水，并用热熔胶固定发丝。注意：要防止被烫伤。

05 将发丝底部固定好，晾一会儿再进行下一步。在脑壳底部插5根珠针，防止发丝滑动。取一缕发丝（高温丝材质），
用热熔胶将发丝一端固定。

06 将发丝用热熔胶固定在当时分区的刘海儿下方（需要确保两侧的发丝可以完全遮盖胶痕）。给发丝涂上胶水，
用尖尾梳梳顺，用镊子捋平。顺着脑壳的方向慢慢抚平发丝。

07 将发丝顺着后脑勺底部绕到右侧的刘海儿下方，用热熔胶进行固定（需要确保两侧的发丝可以完全遮盖胶痕），
晾一会儿，等热熔胶干透。在热熔胶干透后，将前侧刘海儿上的皮筋解开，并给右侧的刘海儿涂上霹雳胶。

08 用尖尾梳将发丝梳顺，用镊子将发丝捋平。用右手的食指和中指夹住发丝，将发丝抚平（也可以用右手按住发丝），用左手扯着发丝尾部往上拉。用左手的大拇指按住发丝最下端，用鸭嘴夹或珠针固定住整缕发丝。

09 用尖尾梳把剩余的发丝尾部向上梳。因为这次要固定的地点在左侧，所以需要剪掉的发丝比较少。剪掉多余的发丝，将发丝尽量按到同一个点上，用鸭嘴夹进行固定。

10 把左侧的发丝解开，涂上胶水，用尖尾梳梳顺并用镊子捋平。用左手按住发丝，用右手往上拉，用鸭嘴夹进行固定。因为这次的发髻在左侧，所以左侧留的发丝较少，把多余的发丝剪掉（要按住发丝，以防发丝滑落下来）。

11 用热熔胶固定住左侧的刘海儿，等待晾干。拿出已剪好并加固了铁丝的电线管，取一缕发丝（牛奶丝材质），用热熔胶固定好发丝的一端。

12 将发丝固定的一端粘在电线管上，顺着电线管的形状慢慢地将发丝缠绕上去（遇到滑动的地方，可以先给发丝蘸一些胶水，再进行缠绕），做成发包。在缠完后，可以将发包大致地掰成自己想要的形状。

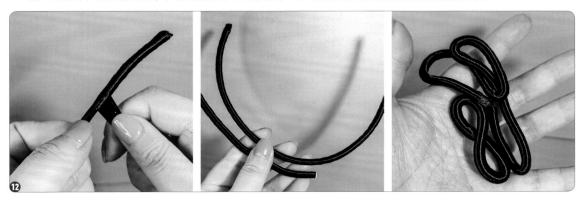

13 在发丝固定完毕后，一定要完全晾干（一般需要晾一个晚上），才能进行下一步，否则容易出现发丝跟着发包跑或者将发片扯烂的情况。在完全晾干后，将所有发包在头上进行拼接。在粘发包时需记住一个要点：能把粘贴点放在一个点上，就不要放在两个点上（因为这样不方便遮盖胶痕）。在粘的时候可以用发丝遮盖胶痕。

14 取两缕发丝（高温丝材质），用清水＋胶水将它们浸透，用手捏住发丝的中间部分，让它们呈现出一个自然的 U 形弧度（可以用镊子辅助定型）。

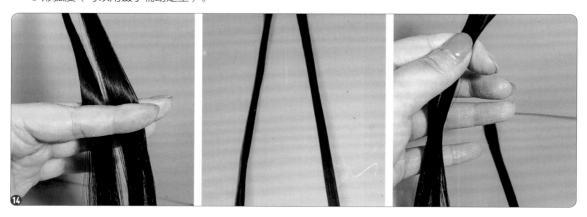

15 用弹力绳将发丝绑住。如果绑的时候发丝变形或者崩开了，不用担心，在绑好后涂上胶水并用镊子捋平即可。用同样的方法制作两缕相似的发丝。

16 将两缕发丝绑起来，用热熔胶固定在右侧刘海儿下方，将剩余的发尾弯成如下图（中图）所示的弧度，将多余的发丝剪掉，用热熔胶将发丝固定在后脑勺上。

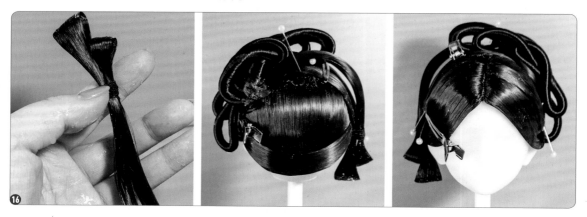

17 取一缕发丝（高温丝材质）并将其剪齐，用热熔胶将其固定在后脑勺上。拿出一根编好的 3 股辫。

18 固定好 3 股辫的前端，让前端变硬，并将 3 股辫盘成蚊香状。先用大拇指和中指捏着 3 股辫进行固定，再用珠针插进去进行固定。在将 3 股辫继续缠一圈后，从与已经插进去的珠针成 90° 角的方向插入一根珠针，形成十字架的模样。

19 在 3 股辫里面涂上热熔胶进行固定，用热熔胶进行收尾，把它粘贴在最终暴露的胶痕上。

20 在完成所有收尾工作后，用清水 + 胶水给整体薄薄地涂一层。用刷子蘸取清水，轻轻地将胶痕刷掉。最后，给
假发戴上发饰。

3.5　唐风富贵拔丛髻

需要准备的材料与工具有头台、毛坯（高温丝材质）、弹力绳、皮筋、镊子、平剪、尖尾梳、鸭嘴夹、珠针、胶水（霹雳胶混合一些白胶）、刷子、泡沫、铁丝、热熔胶枪、热熔胶棒、发丝（牛奶丝材质和高温丝材质）、3 股辫、清水。

01　在构思好整体造型后，将毛坯套到头台上，保证中缝在中间位置。用镊子将发丝分区，分出两侧的刘海儿并用皮筋扎住，以防不同区域的发丝混杂。将后面要剪短的发丝抓在一起，用平剪剪短。不用剪得太短，长度到脖子处即可，方便后续的修剪。

02　将后脑勺上半部分的发丝扎起来，作为后脑勺的发基；将下半部分的发丝剪短，留下如下图（中图）所示的长度，给后脑勺涂满热熔胶，并把热熔胶的表面处理干净（可以用热熔胶枪的枪头把表面烫平整）。

03 将上半部分的发丝放下来，涂满胶水，用尖尾梳梳顺，让胶水充分浸透到发丝中。用镊子将发丝捋服帖。

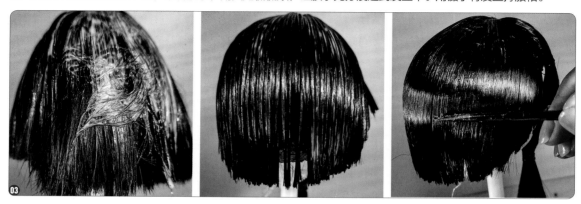

04 用手将发丝贴着脑壳向下抚平，使其尽量完全贴合脑壳。等待一段时间，让胶水稍微干一下，当达到有点硬但不是太硬的时候就可以进行下一步了。用左手固定好发丝（防止发丝乱动），用右手给发丝底部涂上胶水，用热熔胶固定发丝。

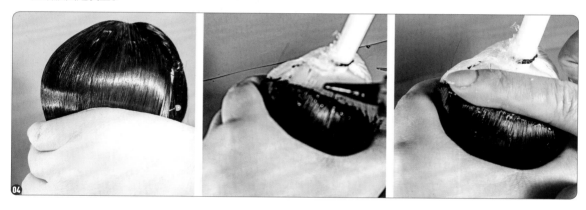

05 将发丝底部固定好，晾一会儿再进行下一步。在脑壳底部插5根珠针，防止发丝滑动。取一缕发丝，用热熔胶将发丝一端固定。

06 将发丝固定的一端用热熔胶固定在当时分区的刘海儿下方（需要确保两侧的发丝可以完全遮盖胶痕）。给发丝涂上胶水，用尖尾梳梳顺，用镊子捋平。

07 将发丝顺着后脑勺底部绕到左侧的刘海儿下方，用热熔胶进行固定（需要确保两侧的发丝可以完全遮盖胶痕）。晾一会儿，等热熔胶干透。将前侧刘海儿的皮筋解开，并将前端一部分发丝分出来。

08 将分出的发丝剪掉，以留出足够的空间。给右侧的发丝涂上胶水，用尖尾梳梳顺，用镊子捋平。

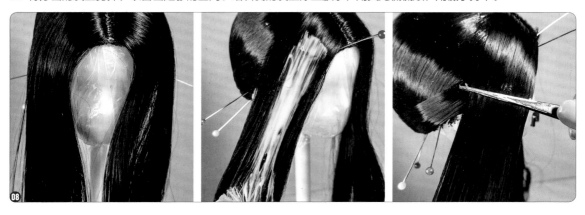

09 用右手的食指和中指夹住发丝，将发丝抚平，用左手扯着发丝尾部往上拉。用左手的大拇指按住发丝最下端，用鸭嘴夹固定住整缕发丝。

10 用尖尾梳把发丝尾部向上梳，可以用鸭嘴夹或者珠针进行固定。剪掉多余的发丝，将发丝尽量按到同一个点上，用热熔胶进行固定。给发丝涂上胶水，等待晾干。

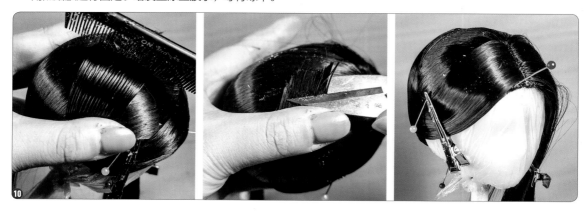

11 把左侧的发丝以同样的方法固定住，等待晾干。拿出已剪好并涂黑和加固了铁丝的泡沫，取一缕发丝（高温丝材质）。

12 将发丝一端粘在泡沫上，顺着泡沫的形状慢慢地将发丝缠绕上去（遇到滑动的地方，可以先给发丝蘸一些胶水，再进行缠绕），做成发包。

13 对于比较复杂的发包，可以先将其弯曲成我们想要的形状，再缠绕发丝。拿出已经干透的毛坯，在中间发缝的位置用热熔胶粘一缕发丝（高温丝材质）。再取一缕发丝（高温丝材质），在中间用弹力绳绑住，保证发丝不散。

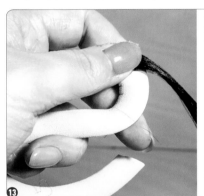

14 用热熔胶将发丝固定在中缝的位置。将前侧的发丝涂上胶水并梳顺，用鸭嘴夹捋顺发丝并往后拉，用热熔胶进行固定。注意：一定要拉紧，否则在胶水干了之后，发丝容易开裂。

15 在刚刚添加的发丝右侧涂上胶水，用镊子捋顺（可以用鸭嘴夹进行固定），用左手的食指和中指夹住发丝并往后拉。

16 用右手的食指进行按压，在发丝形成流畅的弧度后，用左手的大拇指按压固定。将上端多余的发丝剪掉，用热熔胶进行固定。用同样的方法固定左侧的发丝。

17 在发丝固定完毕后，一定要完全晾干（一般需要晾一个晚上），才能进行下一步，否则容易出现发丝跟着发包跑或者将发片扯烂的情况。在完全晾干后，将所有发包在头上进行拼接。在粘发包时要记住一个要点：能把粘贴点放在一个点上，就不要放在两个点上（因为这样不方便遮盖胶痕）。

18 取一缕发丝（高温丝材质），将它插入固定的发丝中间，从不同的角度遮盖比较明显的胶痕。给发丝涂上胶水，将发丝绕过大发包并粘贴到最后面（可用鸭嘴夹辅助操作）。一定要边上发包边遮盖，不要等全部发包都上完后再遮盖，因为那时候就没有缝隙了，很难把胶痕全部遮住。

19 继续添加发丝（高温丝材质）并涂胶水。用鸭嘴夹辅助操作，用发丝将所有胶痕都遮住。粘贴后侧的发包。

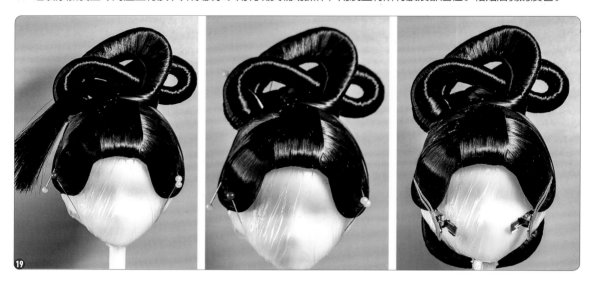

20 在将所有发包都粘贴完毕，保证没有露出来的胶痕后，拿出一根编好的3股辫，将它粘贴在发包与毛坯的连接处，用于固定发包和遮盖胶痕。

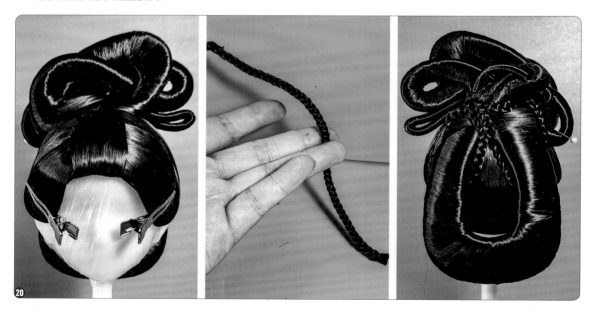

21 拿出一根编好的3股辫（不要太粗），固定好前端，让前端变硬，并将3股辫盘成蚊香状。先用大拇指和中指捏着3股辫进行固定，再用珠针插进去进行固定。在将3股辫继续缠一圈后，从与已经插进去的珠针成90°角的方向插入一根珠针，形成十字架的模样。

22 在 3 股辫里面涂上热熔胶进行固定，用热熔胶进行收尾，把它粘贴在最终暴露的胶痕上。

23 在完成所有收尾工作后，用水 + 胶水给整体薄薄地涂一层。用刷子蘸取清水，轻轻地将胶痕刷掉。最后，给假发戴上发饰。

　　需要准备的材料与工具有头台、毛坯（高温丝材质）、皮筋、镊子、平剪、尖尾梳、鸭嘴夹、珠针、胶水（霹雳胶混合一些白胶）、刷子、EVA、铁丝、热熔胶枪、热熔胶棒、发丝（牛奶丝材质和高温丝材质）、卷发棒、3股辫、清水。

01 在构思好整体造型后，将毛坯套到头台上，保证中缝在中间位置。用镊子将发丝分区，分出两侧刘海及中间的刘海儿并分别用皮筋扎住，以防不同区域的发丝混杂。将后面的发丝用皮筋扎住，给后脑勺的上半部分涂上胶水。

02 等后脑勺上的胶水略微晾干后，给右侧的刘海儿涂上胶水，用尖尾梳梳顺，用鸭嘴夹捋平。用右手的食指和中指夹住发丝，用左手将发丝往上拉，大概拉到后脑勺顶部的位置，将多余的发丝剪掉（这是为了方便扯发片）。

03 用右手的食指和中指夹住发丝，用左手将发丝往上拉，在拉出形状后用左手按住发丝，将发丝用鸭嘴夹进行固定。用左手按住发丝下端，用右手将发丝上端抚平。

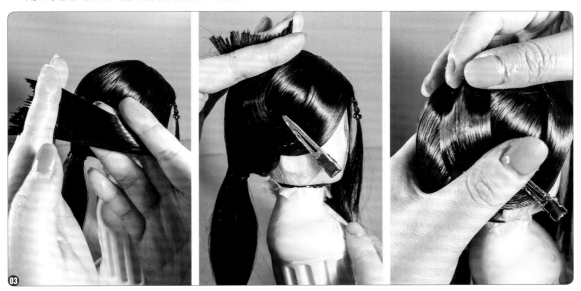

04 将多余的发丝剪掉，用热熔胶进行固定。给左侧的刘海儿涂上霹雳胶。

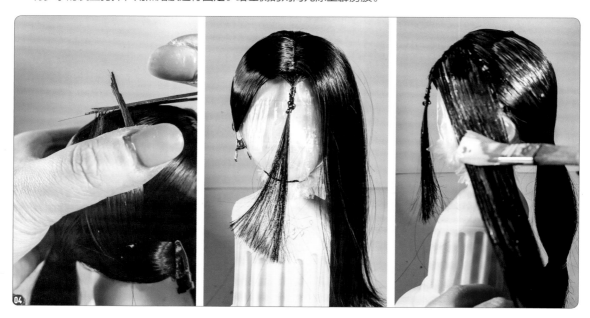

05 用左手的中指和食指夹住发丝，用右手将发丝往上拉，用固定左侧刘海儿的方法固定右侧的刘海儿。

06 将多余的发丝剪掉，用热熔胶进行固定，等待晾干。拿出 EVA 和铁丝，将铁丝用热熔胶粘在 EVA 上。

07 取一缕发丝（牛奶丝材质），固定在 EVA 的一端，将发丝缠到 EVA 上，做成发包，并将发包掰成自己想要的
形状。

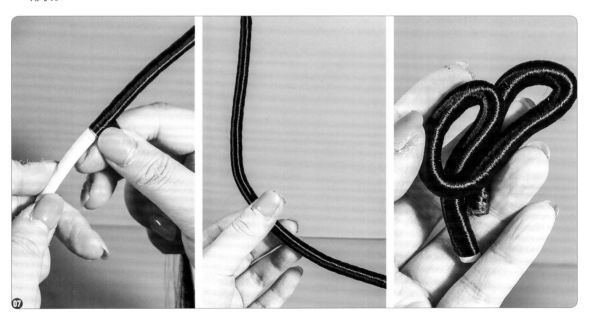

08 用热熔胶将发包固定在晾好的毛坯上，粘贴一缕发丝（高温丝材质），将底部的胶痕遮住。一定要边上发包边遮盖，不要等全部发包都上完后再遮盖，因为那时候就没有缝隙了，很难把胶痕全部遮住。再取一缕发丝（高温丝材质）。

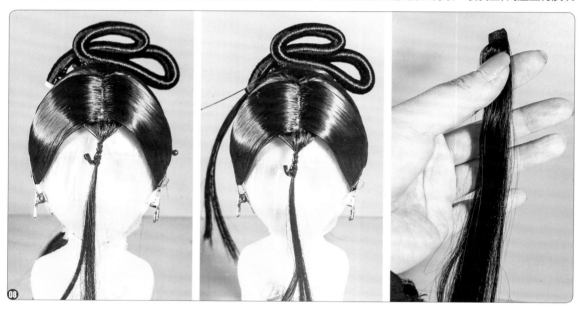

09 将发丝用热熔胶粘贴在后脑勺上，给发丝涂上胶水，用尖尾梳梳顺，用镊子捋平。用左手的大拇指按住发丝，使其形成一个自然的弧度。

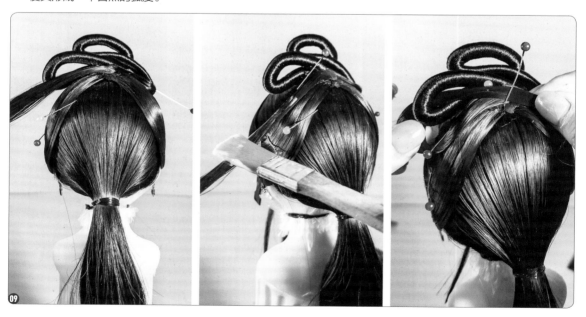

10 用珠针固定发丝，将多余的发丝剪掉，再粘贴一缕发丝（高温丝材质）。

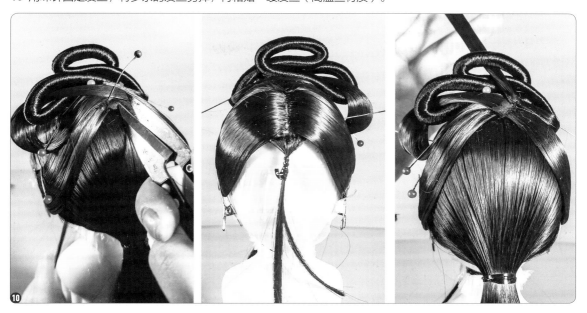

11 将这缕发丝穿过发包的空隙，用珠针斜插进行固定，让发丝形成自然的弧度（像一个つ形）。将发丝尾部收到后脑勺，用热熔胶进行固定，再粘贴一缕发丝（高温丝材质）。

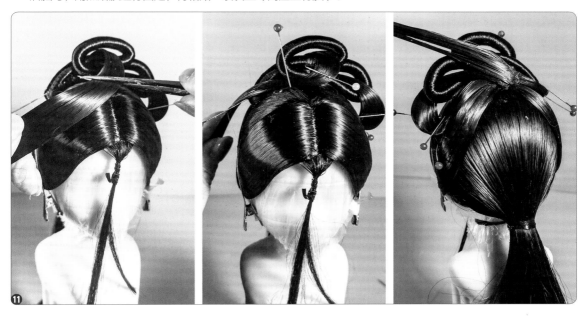

12 用这缕发丝来做扯片。给发丝涂上胶水，用尖尾梳梳顺，用左手或右手捏住发丝（可以人为地在发丝之间留有空隙，以增强立体感）。用另一只手将发丝收尾到中间位置，用热熔胶进行固定。再粘贴一缕发丝（高温丝材质）。

13 将发丝旋转拧起来，收尾到后脑勺中间位置，用热熔胶进行固定。再粘贴两缕很细的发丝（高温丝材质）。

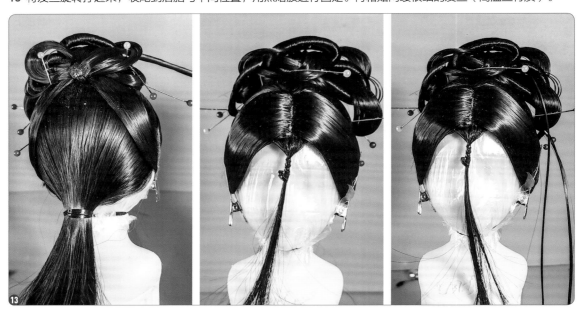

14 将它们往后扯，在扯出弧度后进行固定。将前面的刘海儿剪短，用卷发棒卷成自然的小卷。

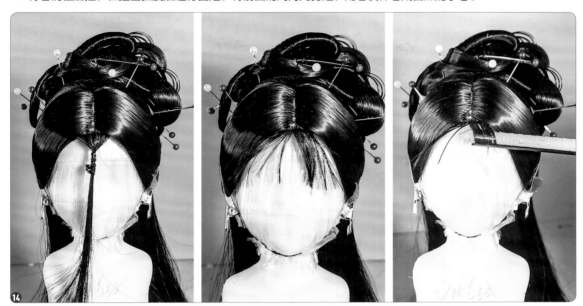

15 用热熔胶将两缕鬓角发粘贴在假发里侧，并将鬓角发剪短、打薄。

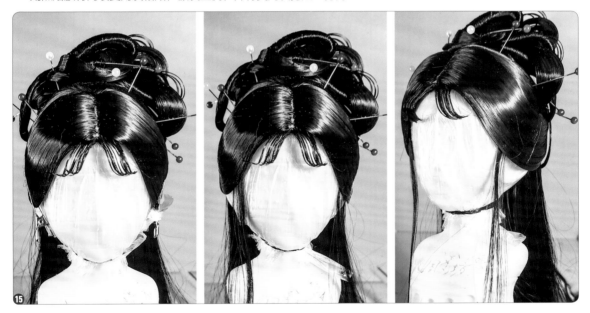

16 拿出两根编好的 3 股辫，遮盖发丝中露出的胶痕。

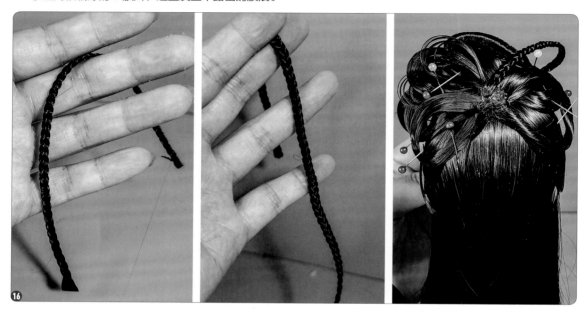

17 拿出一根编好的 3 股辫（不要太粗），固定好前端，让前端变硬，并将 3 股辫盘成蚊香状。先大拇指和中指捏着 3 股辫进行固定，再用珠针插进去进行固定。在将 3 股辫继续缠一圈后，从与已经插入的珠针成 90° 角的方向插入一根珠针，形成十字架的模样。

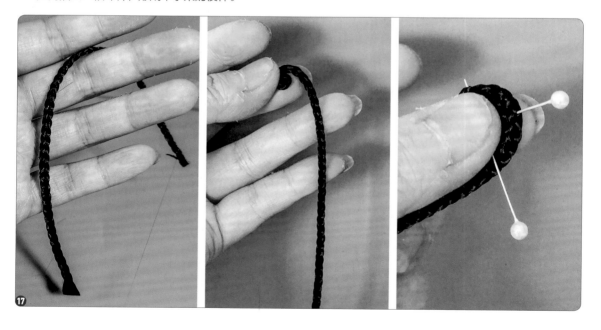

18 在 3 股辫里面涂上热熔胶进行固定，用热熔胶进行收尾，把它粘贴在最终暴露的胶痕上。用刷子蘸取清水，轻轻地将胶痕刷掉。

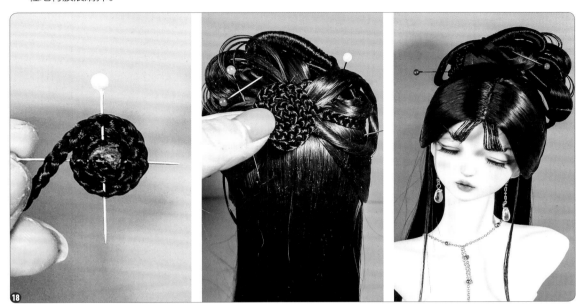

第 4 章

古风盘发造型·火玥儿篇

花神髻造型

需要准备的材料与工具有头台、毛坯（高温丝材质）、鸭嘴夹、皮筋、弹力绳、吹风机、珠针、尖尾梳、平剪、9mm 卷发棒、热熔胶枪、热熔胶棒、霹雳胶、发丝（高温丝材质）、刷子、清水。

01 将准备好的毛坯套到头台上，并让中缝的位置在中间偏左一些，将发丝梳顺。

02 用尖尾梳分出前区（刘海儿），并用皮筋将分出来的发丝扎在一起。

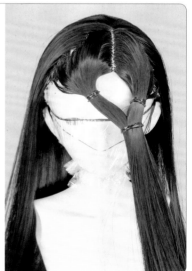

03 从头顶开始将发丝分层，并用鸭嘴夹进行固定。留下底层发丝，将其余发丝都梳到前面。

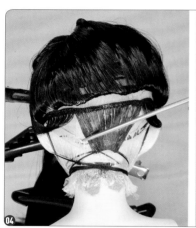

04 将底部的发丝剪短，用霹雳胶固定在发网上。将分层的后区发丝，一层层地用霹雳胶进行固定。在每次梳好后，都可以用吹风机吹干霹雳胶。留出一缕发丝，用弹力绳绑紧，固定在耳后。

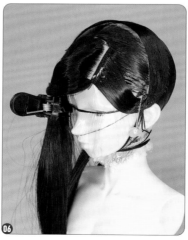

05 待后区发丝上的霹雳胶干透后，取前区（刘海儿）左侧的一小缕发丝，喷水并梳顺。将其余发丝用鸭嘴夹固定在右侧。

06 将梳平的发丝以珠针位置为圆心绕弧，用霹雳胶固定在后区发丝上。将不需要的发丝剪掉，并用霹雳胶固定发尾。

07 再梳一个弧形刘海儿并固定好。取一部分刘海儿并梳顺，用弹力绳绑住，用霹雳胶固定在耳后。

08 取出最后一部分刘海儿，分出一小缕，将其余部分全部喷水并梳平。用步骤 06 中的方法将其梳成弧形发片，用霹雳胶进行固定。

09 将右侧前区（刘海儿）的发丝分成 3 部分：将第一部分用步骤 06 中的方法梳成弧形发片并固定；将第二部分用弹力绳绑成小辫并固定在头顶；第三部分为分出的一小缕刘海儿。

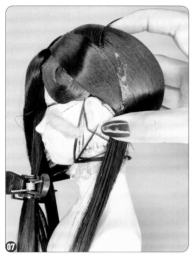

10 先用发丝缠好发棒，再将发棒掰成想要的形状，用热熔胶固定在头顶。取一缕发丝，将其编成 3 股辫并围着发棒绕圈，用热熔胶将其固定在头顶，形成底座。

11 取一缕发丝，缠绕发棒，用珠针定位，用热熔胶将其固定在底座上。给发丝涂上霹雳胶，防止发丝飞起来。

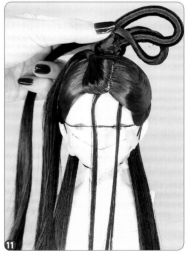

12 重复第 11 步，再做一个发丝拉环并用热熔胶固定在底座上。再取一缕发丝，用热熔胶将其固定在底座上，用水将发丝打湿、梳顺并围着底座绕圈（注意：要将发丝梳平整，围着底座绕圈是为了将之前固定的发结挡住）。

13 先将左侧耳后的发丝用拉环的手法向上拉环并固定好，再将发尾扯片并固定在底座上。依次拉环，让左侧的发型看起来更加饱满。

14 在左侧的发丝拉环完成后，另取少量发丝，用扯片的手法扯出弧形发片，用珠针定位，涂上霹雳胶进行固定。将预留的一小缕刘海儿向上梳好并用霹雳胶进行固定。

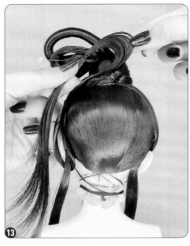

15 先将右侧耳后的发丝用拉环的手法拉环，再用热熔胶进行固定，并酌情加减发量，让右侧的发型更加饱满。

16 在右侧的发丝拉环完成后，将多出来的发尾编成 3 股辫，盘成玫瑰饼形状并用热熔胶进行固定，以遮盖发结。

17 给左侧预留的一小缕刘海儿喷水并将其梳平，用 9mm 卷发棒烫出卷。

18 等霹雳胶和热熔胶干透后，花神髻造型就做完了。

4.2 磁吸可替换发髻款造型

　　需要准备的材料与工具有头台、毛坯（高温丝材质）、鸭嘴夹、刷子、霹雳胶、UHU 胶水、发丝（高温丝材质）、平剪、珍珠棉圆棒、清水、珠针、磁铁、502 胶水、3 股辫、黑色超轻黏土、热熔胶枪、热熔胶棒、尖尾梳、吹风机。

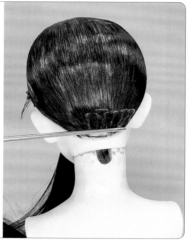

01 按照花神髻的示例，以中线为基准线，将毛坯套到头台上，并分好刘海儿及全盘发各区域。按全盘发的手法将后脑勺上的所有发丝逐层用霹雳胶固定在发网上。将所有后区的发丝都用霹雳胶固定在发网上，待霹雳胶干透后再进行下一步。

02 取一缕发丝，用 UHU 胶水将其做成发片。先将发片用 UHU 胶水固定在侧后脑的位置，再用霹雳胶将发片沿着全盘发收尾处贴平，遮住全盘发收尾处，等待霹雳胶干透。

03 取一缕发丝，用 UHU 胶水将其做成发片。

04 在发片的一侧涂上 UHU 胶水，将发片沿着之前画好的鬓角线贴好，剪掉发尾，用 UHU 胶水将发尾收平。

05 沿着画好的鬓角线将两侧鬓角都贴平整，用霹雳胶固定第一层鬓角，待霹雳胶干透后再进行下一步。

06 取两根珍珠棉圆棒，将两端剪成斜口的，粘贴在鬓角两侧。注意：两侧要尽量对称。

07 取一缕发丝，用 UHU 胶水将其做成发片。沿鬓角线贴发片，将发尾用 UHU 胶水固定在头顶，在贴完一侧后涂上霹雳胶进行固定。用同样的方法制作另一侧鬓角。

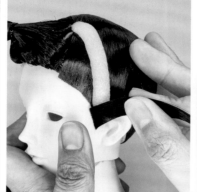

08 在两侧鬓角全贴完后，将刘海儿用吹风机吹顺。

09 将刘海儿打湿并向上梳顺，贴着两鬓拉弧并梳成前刘海儿，在完成后用珠针进行定位并涂上霹雳胶进行固定。用同样的方法制作另一侧刘海儿。

10 取出一小块磁铁，用 502 胶水将其固定在发顶，用发丝将其挡住，用细一些的 3 股辫收尾，涂上霹雳胶进行固定。

11 将黑色超轻黏土搓成牛角形状的，把另一块磁铁固定在牛角形状的黑色超轻黏土上。注意：牛角形状的黑色超轻黏土上的磁铁要能与底座上的磁铁相吸。

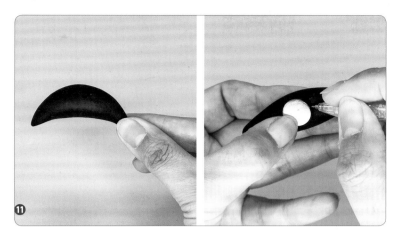

12 取一缕发丝，用发丝缠绕牛角形状的黑色超轻黏土，做成发包，并给发包涂上霹雳胶进行固定。

13 用制作牛角发包的方法制作两个半环发包，并将其用热熔胶固定在牛角发包上。取一根细一些的 3 股辫，将其盘成玫瑰饼形状并用热熔胶固定在牛角发包与半环发包的衔接处，以遮盖发结。

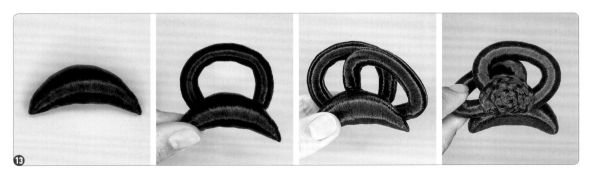

14 取一块磁铁，将其吸在发顶上。用热熔胶将缠好发丝的发髻固定在磁铁上。

15 取一根3股辫，用热熔胶将其固定在发髻底部的磁铁上。用3股辫把磁铁挡住，这样一个磁吸发髻就制作完成了。

16 至此，磁吸可替换发髻款造型就做完了。

需要准备的材料与工具有头台、水溶彩铅、透明硫酸纸、珠针、泡沫板、发网、黑纸、钩针、发丝（高温丝材质）、直板夹、底发（高温丝材质）、针线、划粉、蓝丁胶、平剪、霹雳胶、吹风机、刷子、UHU胶水、502胶水、珍珠棉圆棒、曲曲发、热熔胶枪、热熔胶棒、清水、尖尾梳、牛角发包。

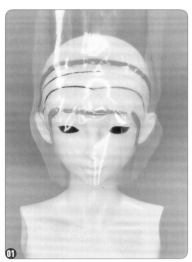

01 用水溶彩铅在头台上画出想要的美人尖的形状。注意：美人尖的位置就是发际线的位置，从美人尖到眉骨的长度等于从眉骨到鼻底的长度。

02 用透明硫酸纸拓印下发际线的形状，将拓印下来的纸用珠针固定在泡沫板上，将发网覆盖在纸上（为了让大家看清楚发网，我在板子上垫了黑纸，大家在实际操作时可以不用垫黑纸）。

03 先用钩针穿过发网并钩住发丝，将发丝带出发网，然后用钩针钩住发网另一侧的发丝，将钩针旋转半圈。

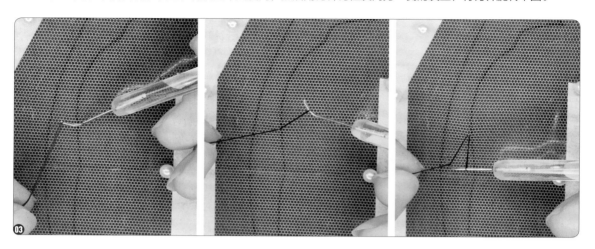

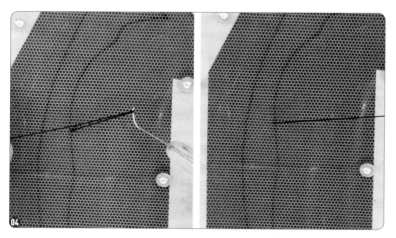

04 将钩住发丝的钩针向回穿过之前的网眼，将发丝全部带出，拉紧发丝，这样一根发丝就被固定在发网上了，钩发完成。注意：为了达到想要的仿真效果，钩制发丝的根数可自行调节。一般古风手钩美人尖常用的发丝根数为3或4根。

05 用上述方法将发际线部分的发网全部钩制完毕，就得到了一个美人尖发片。用直板夹将因被拉扯而弯曲变形的发丝拉直。

06 拿出底发，用划粉标出中线，将手钩美人尖的尖对准中线，开始进行缝制。注意：要将手钩部分贴紧底发边缘，否则缝出来的美人尖会与底发脱节。

07 在缝制完成后，手钩美人尖毛坯就制作好了。

08 将手钩美人尖套到头台上，用蓝丁胶固定好美人尖，将全部手钩的部分作为前区分出来。

09 按 4.2 节中全盘的梳理方式将整头发丝分好区，先将一层发丝剪短并用霹雳胶将其粘贴在发网上，再用吹风机将其吹干。就这样一层一层地将后区发丝全部粘贴到发网上。

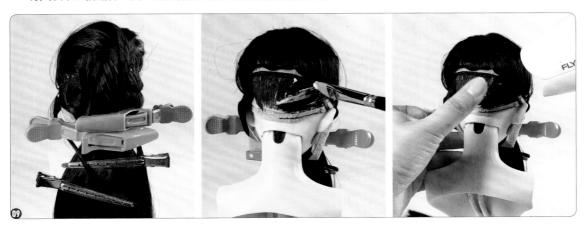

10 将后区的发丝全部收干净。取一缕发丝，用 UHU 胶水将其做成发片并固定在耳后。将发丝拉过后脑勺，以挡住后脑勺收尾的部分。

11 取出一根珍珠棉圆棒，从中间剪断，分成两根，拿出其中一根。

12 用 502 胶水将泡沫条固定在前区发丝上，用美人尖的发丝仔细地将泡沫条包住，并将发丝梳顺，使其纹理清晰。此处的泡沫条等同于真人盘发中使用的抱面，是唐风盘发的一大特点。

13 在包完泡沫条后，给发丝涂上霹雳胶进行固定，等霹雳胶干透后再进行下一步。此时，唐风盘发的基础底座就制作完成了。

14 取一缕曲曲发（曲曲发是真人盘发常用的一种发丝，这种发丝的优点是很蓬松），用热熔胶将其固定在后脑勺上。将发丝打湿并贴着前区抱面处拉环，用珠针固定拉环的位置，将发尾剪掉并收在后脑勺处。

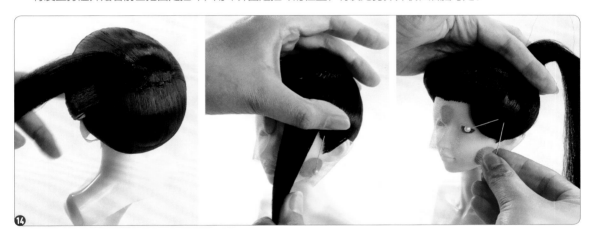

15 再取一缕曲曲发，用之前的方法再拉一个环并固定在抱面处，将发尾收在后脑勺处，涂上霹雳胶进行固定。

16 将一缕曲曲发打成一个双环结并固定在另一侧的抱面处，将发尾收在后脑勺处，涂上霹雳胶进行固定。

17 用热熔胶将已做好的牛角发包固定在头顶。

18 将之前拉环余下的发尾编成3股辫，用热熔胶将其围着之前收尾的发结进行固定和收尾。

19 取一缕发丝，用热熔胶将其固定在牛角发包上。将发丝贴着牛角发包拉环并用珠针进行固定。

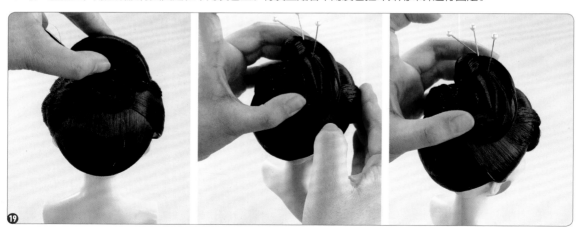

20　用同样的方法再拉出一个环，用珠针将其固定在牛角发包上方，涂上霹雳胶进行固定。等霹雳胶干透后，手钩美人尖唐风全盘造型就做完了。

21　剪掉发际线处的纱边，将假发戴到娃头上。

需要准备的材料与工具有头台、毛坯（高温丝材质）、皮筋、霹雳胶、清水、刷子、UHU 胶水、QQ 线、发丝（高温丝材质）、热熔胶枪、热熔胶棒、珠针、平剪、尖尾梳、3 股辫。

01 将准备好的毛坯套到头台上，使发缝对准头台的中线，并将刘海儿按照 4.1 节那样分出来，用皮筋扎住。

02 在分好刘海儿后，将后面半披的发丝梳顺，分出 3 缕发丝，编成 3 股辫，用霹雳胶固定 3 股辫上半部分的发丝。

03 在霹雳胶干透后，将刘海儿分成 3 份，像下图所示的那样用皮筋扎住。

04 将两侧的刘海儿打湿。

05 将两侧的刘海儿均像下图所示的那样贴脸梳好，用霹雳胶进行固定，等霹雳胶干透后再进行下一步。

06 将上面的刘海儿打湿，用与步骤 05 相同的方法梳好上面的刘海儿并用霹雳胶进行固定，等霹雳胶干透后再进行下一步。

07 在刘海儿上的霹雳胶干透后，从右侧的刘海儿中分出一小缕发丝，将其余的发丝全部打湿并梳顺、向后脑勺拉平。先用皮筋将发丝扎住，再用热熔胶进行固定（注意：不要剪掉此处的发尾，要将发尾留下备用）。用同样的手法将左侧的刘海儿固定好（注意：要剪掉此处的发尾并用霹雳胶收干净、整理平整），涂上霹雳胶进行固定，等霹雳胶干透后再进行下一步。

08 将之前从刘海儿中分出来的发丝打湿并扯成分层的，按刘海儿的走向，将这部分发丝用 UHU 胶水固定在刘海儿上。用相同的方法固定另一侧的发丝，并留出一缕极细的发丝，不要将全部发丝都固定在刘海儿上。

09 所有刘海儿都已完成，如下图所示。

10 取一缕发丝，用 QQ 线从中间将其绑住，用热熔胶将其固定在发顶正中间的位置。

11 将左侧的发丝打湿，稍微将发丝拧顺，用 QQ 线绑住发丝并向上拉环，用热熔胶进行固定。

12 将右侧的发丝打湿并向内旋转（一定要多转几圈，使上劲后发丝会被拧成辫子），用珠针将辫子沿着头顶固定住。将后面余下的发丝用皮筋扎住，用热熔胶进行固定、收尾，剪掉多余的发丝。

13 将左侧的发丝打湿并向上梳顺，将发丝从后方拉至前方并梳平，用 QQ 线绑住发丝并在 QQ 线位置涂上热熔胶。

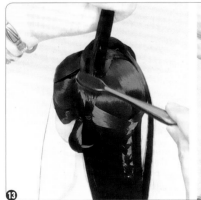  

14 将上一步余下的发丝打湿，从拧成的辫子下方穿过，并用珠针将发丝固定在侧边，将剩下的发丝剪掉并用热熔胶进行收尾。

15 将之前从刘海儿中预留出的发丝打湿并拉环，用珠针固定圆环的大小及位置，将发尾用热熔胶进行固定并收尾。

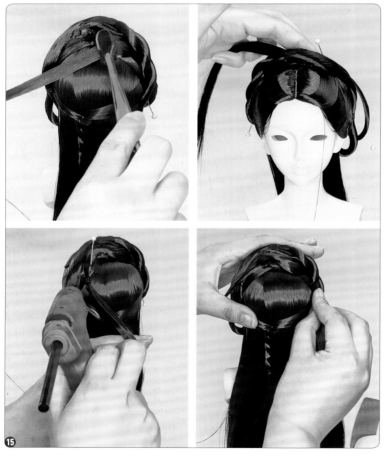

16 取一缕发丝并用皮筋扎住，用热熔胶将其固定在拧成的辫子后方。将发丝打湿并向左拧顺，用皮筋扎住发丝。向上拉环，使发环贴在耳后并用珠针进行固定。剪掉发尾，用热熔胶进行固定并收尾。

17 拿出一根编好的 3 股辫（细的），将其盘成玫瑰饼形状并用热熔胶进行固定，以遮盖发结（在有明显发结的位置均可使用此方法来收尾，让盘发更加美观）。

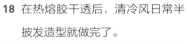

18 在热熔胶干透后，清冷风日常半披发造型就做完了。

第 5 章

古风盘发造型·梦花亭-枫染篇

需要准备的材料与工具有头台、毛坯（高温丝材质）、尖尾梳、鸭嘴夹、皮筋、UHU 胶水、霹雳胶、刷子、平剪、针线、ergo5400 快干胶水、3mm 铝线、发片（高温丝材质）、3 股辫、黑色超轻黏土、定型喷雾。

01 将毛坯套到头台上并理顺，在两侧耳前分区。

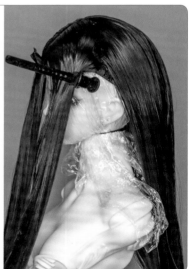

02 将后脑勺的发丝用皮筋或鸭嘴夹分区。

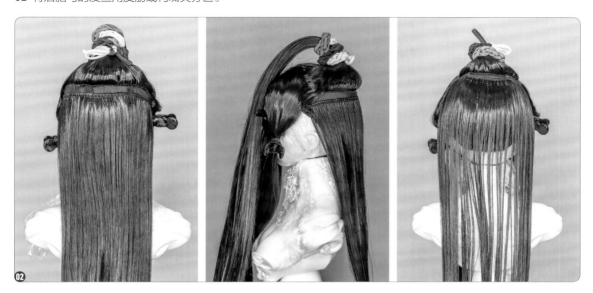

03 将 UHU 胶水和霹雳胶混合，一边涂胶水一边用刷子将发丝刷平，将发丝紧紧贴合头皮（发网）逐层黏合，每做好一层就将多余的发丝与发网边缘对齐剪掉。

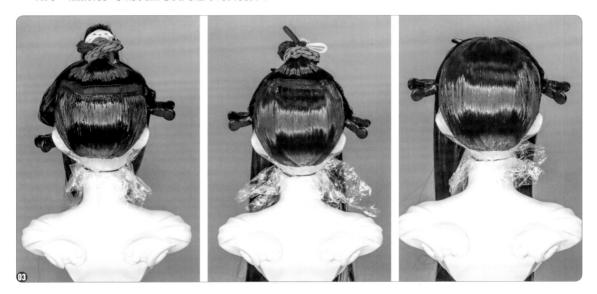

04 从左右两侧分好区的发丝中各取一缕最里层的发丝，沿着发网边缘一边涂霹雳胶，一边用刷子将发丝刷平并精准黏合，以遮盖上一步骤中逐层剪掉的头发接缝，将发尾用霹雳胶抹平并藏在外层发丝的下面。

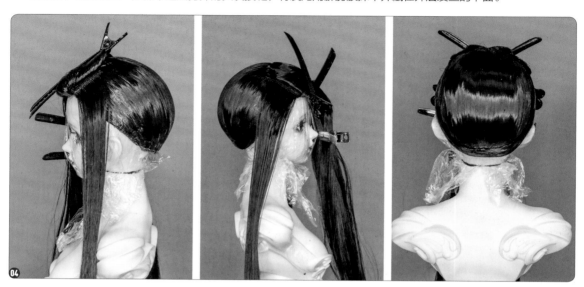

05 将两侧剩余的外层发丝挽到后脑勺上（在挽的过程中可以用鸭嘴夹辅助固定两侧的发丝），先用针线固定好发尾，剪掉多余的发丝，再用 ergo5400 快干胶水进行二次固定。

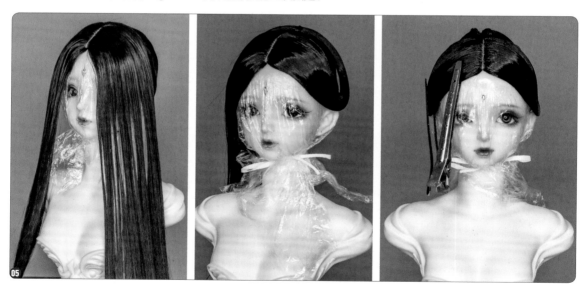

06 将 3mm 铝线掰成发包的形状，用 3 股辫缠绕 3mm 铝线（进行打底缠绕），将发片缠绕在 3 股辫外侧（进行覆盖缠绕），用黑色超轻黏土填充铝线圈的中间部分。在黑色超轻黏土干透后，用发片对其进行缠绕，做成发包。

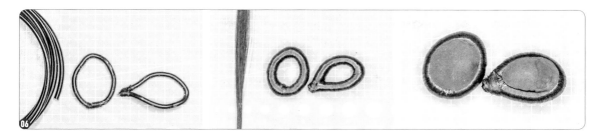

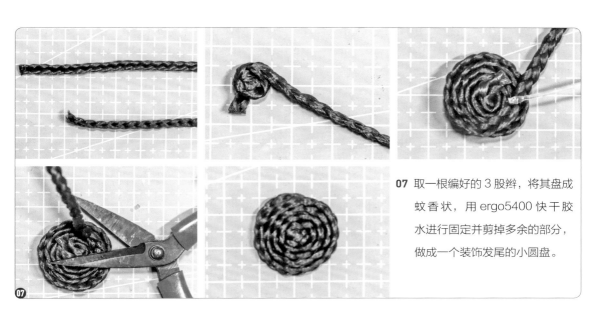

07 取一根编好的 3 股辫，将其盘成蚊香状，用 ergo5400 快干胶水进行固定并剪掉多余的部分，做成一个装饰发尾的小圆盘。

08 将做好的发包用 ergo5400 快干胶水固定在底发上，将小圆盘粘在后脑勺上，对用针线和 ergo5400 快干胶水固定发尾的地方进行修饰。

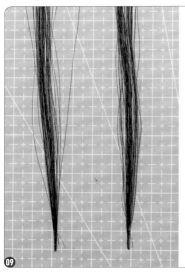

09 取两个细发片，用 UHU 胶水将其固定在鬓角处，以修饰脸形。

10 用定型喷雾喷湿全头来定型，等干透后，唐风宫廷造型就做完了。

需要准备的材料与工具有头台、毛坯（高温丝材质）、鸭嘴夹、皮筋、卷发棒、平剪、针线、ergo5400 快干胶水、UHU 胶水、发片（高温丝材质）、3mm 铝线、3 股辫、定型喷雾。

01 将毛坯套到头台上并理顺，在两侧耳前分区。

02 取额头左右两侧底层的发丝，用皮筋扎住。

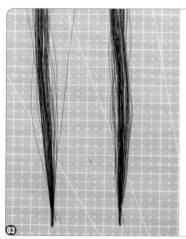

03 将刘海儿拉至鼻尖上方进行修剪，并用卷发棒烫出弧度。将两侧剩余的发丝挽到后脑勺上（在挽的过程中可以用鸭嘴夹辅助固定两侧的发丝），先用针线固定好发尾，剪掉多余的发丝，再用ergo5400快干胶水进行二次固定。取两个细发片，用UHU胶水将其固定在鬓角处，以修饰脸形。

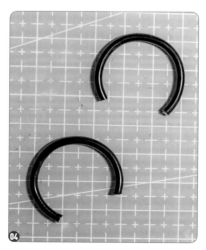

04 将3mm铝线掰成圆形。

05 将铝线圈用 ergo5400 快干胶水固定在头上。取一根编好的 3 股辫，将它缠绕在铝线圈上，并用 ergo5400 快干胶水进行固定。用发片缠绕铝线圈，直至达到理想的效果。

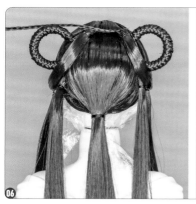

06 将后脑勺的发丝进行分区，共分为 5 缕（分别是左右两侧各一缕、左右侧后方各一缕、正后方一缕）。将左右侧后方的发丝各分出 1/3，编成细的 3 股辫，用皮筋扎住；将正后方的发丝分成两缕，编成粗的 3 股辫，分别用皮筋扎住。一共得到 8 个固定好的区域。

07 将左右侧后方的 4 缕发丝依次向上挽起，在与步骤 05 的环髻的交叉点用针线进行固定，用少量 ergo5400 快干胶水进行二次固定。在 ergo5400 快干胶水干透后，将多余的发丝剪掉。

08 将后脑勺处最粗的两根 3 股辫向上挽成两个圈，用 ergo5400 快干胶水在头顶侧后方进行固定。在 ergo5400 快干胶水干透后，将多余部分剪掉。

09 在步骤 08 的两根 3 股辫剪断的中间位置用 ergo5400 快干胶水粘上一个发片，先将发片等分成左右两份并穿过对侧最粗的 3 股辫，再将其向上交叉固定。

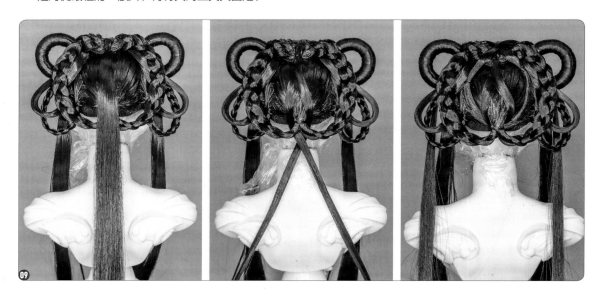

10 把后侧交叉的发丝从环形发髻前侧绕一圈，回到后侧后，将发丝穿过对侧最粗的 3 股辫并向上挽起，将发丝在后脑勺上方交叉固定，将发丝往最下方两个最粗的 3 股辫的交叉点挽一圈，接着回到后脑勺上的交叉点，用 ergo5400 快干胶水进行固定（这里的总体思路是要在后脑勺上不停地交叉固定，以遮盖和修饰交叉点，同时让后脑勺更加饱满、有层次感）。

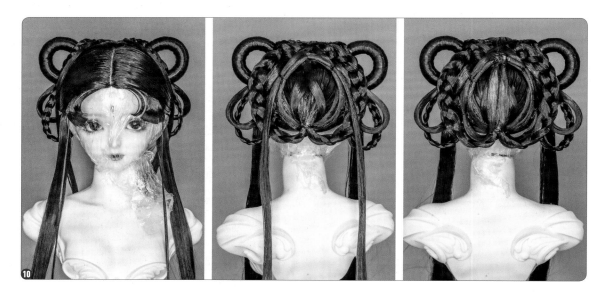

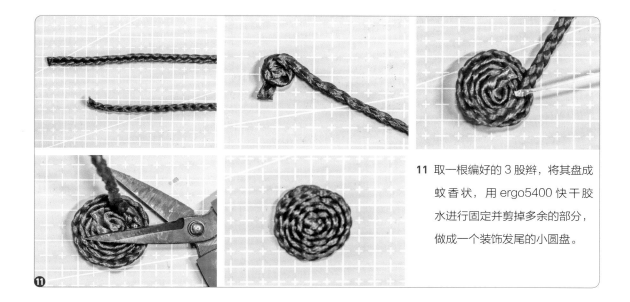

11 取一根编好的 3 股辫，将其盘成蚊香状，用 ergo5400 快干胶水进行固定并剪掉多余的部分，做成一个装饰发尾的小圆盘。

12 将小圆盘粘在后脑勺上，对用针线和 ergo5400 快干胶水固定发尾的地方进行修饰。

13 用定型喷雾喷湿全头来定型，等干透后，唐风少女双髻造型就做完了。

武侠风少女造型

需要准备的材料与工具有头台、毛坯（高温丝材质）、尖尾梳、鸭嘴夹、针线、平剪、ergo5400 快干胶水、3 股辫、发片（高温丝材质）、3mm 铝线、黑色超轻黏土、UHU 胶水、定型喷雾。

01 将毛坯套到头台上并理顺，在两侧耳前分区。

02 将两侧的发丝挽到后脑勺上（在挽的过程中可以用鸭嘴夹辅助固定两侧的发丝），先用针线固定好发尾，剪掉多余的发丝，再用ergo5400快干胶水进行二次固定。

03 将3mm铝线掰成发包的形状，用3股辫进行打底缠绕，用发片进行覆盖缠绕，用黑色超轻黏土填充其中一个铝线圈的中间部分。在黑色超轻黏土干透后，用发片对其进行缠绕，做成发包。

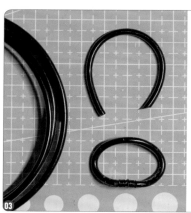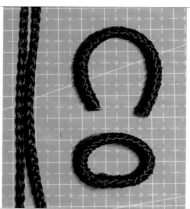

04 在左右两侧的发丝上用ergo5400快干胶水固定彩色丝带，并将彩色丝带与左右侧后方的发丝编成3股辫。

05 先将铝线圈发包用 ergo5400 快干胶水固定在头上，再用 ergo5400 快干胶水和 3 股辫进行二次固定，用发片对铝线圈发包进行覆盖缠绕，使其达到理想的粗度。

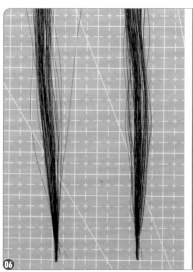

06 将另一个做好的发包用 ergo5400 快干胶水固定在头上，将一侧的 3 股辫挽向头顶，形成一个圈。取两个细发片，用 UHU 胶水将其固定在鬓角处，以修饰脸形。

07 用多余的 3 股辫遮盖后脑勺上用针线和 ergo5400 快干胶水固定发丝的地方。

08 用定型喷雾喷湿全头来定型，等干透后，武侠风少女造型就做完了。最后，给假发戴上发饰。

仙侠风单髻造型

5.4 仙侠风单髻造型 视频

　　需要准备的材料与工具有头台、毛坯（高温丝材质）、鸭嘴夹、针线、平剪、ergo5400 快干胶水、3mm 铝线、3 股辫、发片（高温丝材质）、黑色超轻黏土、UHU 胶水、定型喷雾。

01 将毛坯套到头台上并理顺，在两侧耳前分区。

02 将两侧的发丝挽到后脑勺上（在挽的过程中可以用鸭嘴夹辅助固定两侧的发丝），先用针线固定好发尾，剪掉多余的发丝，再用 ergo5400 快干胶水进行二次固定。

03 将 3mm 铝线掰成发包的形状，用 3 股辫进行打底缠绕，用发片进行覆盖缠绕，用黑色超轻黏土填充其中一个铝线圈的中间部分。在黑色超轻黏土干透后，用发片对其进行缠绕，做成发包。

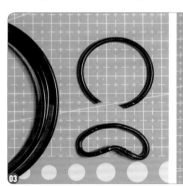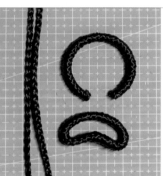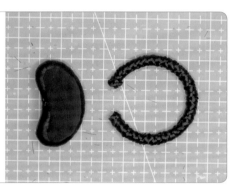

04 先将铝线圈发包用 ergo5400 快干胶水固定在头上，再用 ergo5400 快干胶水和 3 股辫进行二次固定，用发片对铝线圈发包进行覆盖缠绕，使其达到理想的粗度。将多余的发丝用 ergo5400 快干胶水固定在步骤 02 中的发尾处。

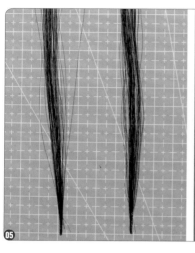

05 将另一个做好的发包用 ergo5400 快干胶水固定在头上，将步骤 04 中固定铝线圈发包时多出来的 3 股辫挽向头顶，形成一个圈。取两个细发片，用 UHU 胶水将其固定在鬓角处，以修饰脸形。

06 拿出一根编好的 3 股辫，在后脑勺上绕圈（这是为了做出自己想要的造型，我做了类似蝴蝶结的形状），以遮盖用针线和 ergo5400 快干胶水固定发丝的地方。为了提升美观度，我给假发戴上了发饰，也可以不给假发戴发饰。

07 用定型喷雾喷湿全头来定型，等干透后，仙侠风单髻造型就做完了。最后，给假发戴上发饰。

需要准备的材料与工具有头台、毛坯（高温丝材质）、鸭嘴夹、针线、平剪、ergo5400 快干胶水、3mm 铝线、3 股辫、发片（高温丝材质）、定型喷雾。

01 将毛坯套到头台上并理顺，在两侧耳前分区。

02 从前侧取两缕发丝向后梳，先在后脑勺用针线进行固定，再用 ergo5400 快干胶水进行二次固定，剪掉多余的发丝。

03 分出耳侧底层的发丝，用鸭嘴夹进行固定，将其余发丝向上挽到后脑勺上，先用针线进行固定，再用 ergo5400 快干胶水进行二次固定，剪掉多余的发丝。

04 从底层分出鬓角发，将其余发丝向上挽到后脑勺上，先用针线进行固定，再用 ergo5400 快干胶水进行二次固定，剪掉多余的发丝。

05 将 3mm 铝线掰成对称的环形发
髻的形状。

06 将铝线圈用 ergo5400 快干胶水固定在头上，先用 3 股辫进行缠绕固定，
再用发片反复缠绕，以达到理想的效果。

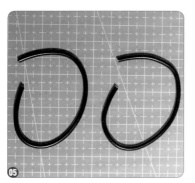

07 取两个细发片，在环髻上做造型，目的是加粗环髻，同时达到一定的飘逸效果。在连接点处先用黑线固定发丝，
再用 ergo5400 快干胶水进行二次固定。

08 从后脑勺左右两侧各取一缕发丝，编成两根 3 股辫。

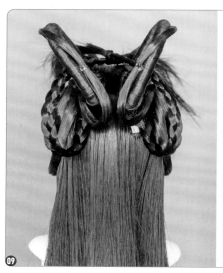

09 将两根 3 股辫向上挽起，用 ergo5400 快干胶水固定在头顶，剪掉多余的部分。

10 拿出一根编好的 3 股辫（细的），对左右两侧的发尾剪断处进行遮盖和修饰。

11 用定型喷雾喷湿全头来定型，等干透后，仙侠风双环造型就做完了。

需要准备的材料与工具有头台、毛坯（高温丝材质）、鸭嘴夹、针线、平剪、尖尾梳、ergo5400 快干胶水、发丝（高温丝材质）、UHU 胶水、定型喷雾。

01 将毛坯套到头台上并理顺，在两侧耳前分区。

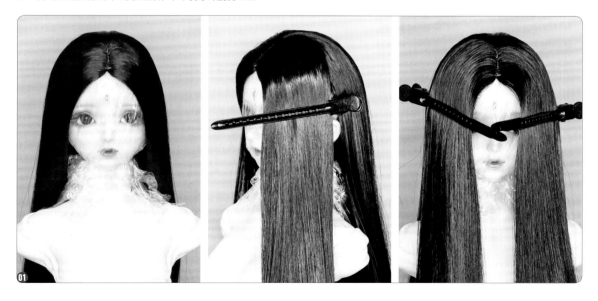

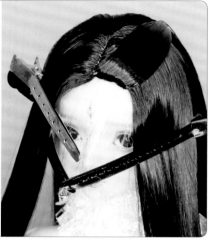

02 在左侧距离发缝1.3cm的位置分出适量发丝。

03 将分出的发丝向后梳，并用针线进行固定。用同样的方法处理另一侧的发丝。

04 在固定后，将多余的发丝分成两份，分别编成3股辫。

05 将左右两侧剩余的发丝分别分成两部分（前半部分的发量与后半部分的发量之比为 1：2）。

06 将后半部分的发丝从侧面向后梳，并用针线固定在后脑勺上，将多余的发丝剪掉。

07 用里侧的 3 股辫打圈，并用 ergo5400 快干胶水进行固定，将剪断处遮住。

08 将两侧剩余的发丝（在步骤 05 中分出的前半部分发丝）分别分成两部分（前半部分的发量与后半部分的发量之比为 1：2），将两侧前半部分的发丝分别编成 3 股辫。

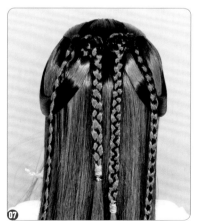

09 取两缕发丝，先将一端用 UHU 胶水进行固定，再用针线进行固定，做出发髻的形状。

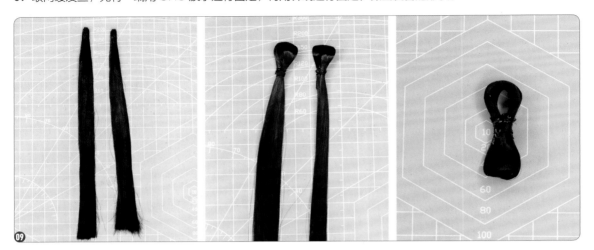

10 将做好的发髻用 ergo5400 快干胶水固定在两侧。

11 将两侧的 3 股辫和部分发丝向后梳，覆盖住两侧的发髻。

12 将后脑勺上的 3 股辫盘起，用 ergo5400 快干胶水进行固定和收尾。

13 用定型喷雾喷湿全头来定型，等干透后，仙侠风双髻造型就做完了。

第 6 章

现代编发案例·是娜娜呀篇

　　需要准备的材料与工具有头台、毛坯（马海毛材质）、鸭嘴夹、尖尾梳、皮筋、穿发棒、6mm 卷发棒、平剪、牙剪、发饰、定型喷雾、泡沫球。

01 把打理好的毛坯套到头台上，分出刘海儿并用鸭嘴夹夹住。

02 将剩余的发丝梳整齐，用皮筋扎到后脑勺顶部。

03 将穿发棒从后往前穿入皮筋处，把马尾穿入穿发棒的圈内，从后面穿到前面。

04 把穿到前面的发丝整理好并一分为二，将发丝从前脸绕到脑后，在调整好两缕发丝的位置后用皮筋扎住。

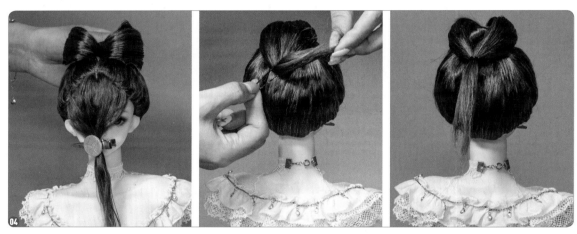

05 再次使用穿发棒，从后向前穿，把扎好的发丝穿到前面。

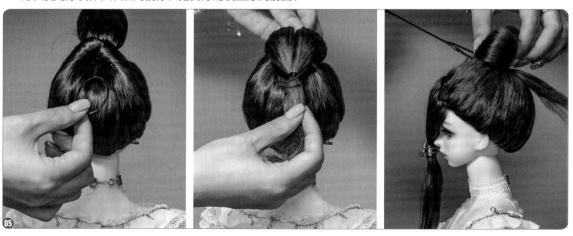

06 穿完以后的样子如下图所示。

07 将穿过来的发丝绕到蝴蝶结发束后面，用发饰夹住剩余发丝进行固定（也可以使用针线进行固定）。

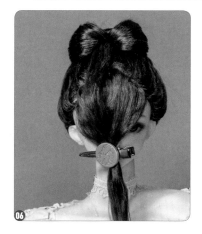

08 整体做完蝴蝶结发束以后的样子如左图所示。

09 将刘海儿打开，分成上下两部分，把上半部分夹住，留出鬓角发。

10 将鬓角发分成 4 或 5 缕，用 6mm 卷发棒分别烫卷（将远离脸颊的发丝从里向外卷，将靠近脸颊的发丝从外向里卷）。

11 卷完两侧鬓角发以后的样子（只需要卷到超过下巴的位置即可，因为下面的发丝会被剪掉）如下图所示。

12 把刘海儿拉直，根据前面分出的层次，分两次修剪刘海儿的长度（一般到眉毛下面的位置），用牙剪修剪自然。

13 用 6mm 卷发棒分两层把刘海儿烫出弧度。

14 修剪鬓角发，使靠近脸颊的鬓角发较短，而远离脸颊的鬓角发逐渐变长。

15 鬓角发修剪完的样子如下图所示。注意：两侧的鬓角发要对称。

16 将假发套在泡沫球上，喷上定型喷雾。在喷定型喷雾时，要离假发远一些，因为距离太近，定型喷雾落在假发上会凝结成一颗颗水珠。等定型喷雾干透后，蝴蝶结丸子造型就做完了。

① 视频中的毛坯与文中的毛坯略有不同，但造型的制作方法基本相同，可供读者参考。

需要准备的材料与工具有头台、毛坯（马海毛材质）、鸭嘴夹、针线、尖尾梳、皮筋、穿发棒、细铜丝、6mm卷发棒、平剪、定型喷雾。

01 把打理好的毛坯套到头台上。

02 从头顶取出适量发丝，编成3股辫。

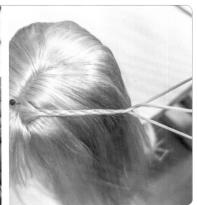

 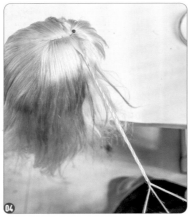

03 用针线绑住发尾。

04 用同样的方法在另一侧编一根 3 股辫，并用针线绑住发尾。

05 将剩余发丝用尖尾梳梳理整齐，从两侧取适量发丝，用皮筋扎成半公主头。

06 扎好以后的样子如下图所示。

07 在发束中间掏洞，将发束从外向里从洞中翻出。

08 将所有发丝等分成两部分，并用皮筋扎好。

09 将扎好的发丝剪短（对三分BJD 尺寸来说，发丝长度以10cm 左右为宜）。

10 将修剪好的发丝编成 3 股辫，并用皮筋扎好。

11 先将穿发棒从右上侧发束的左侧穿入、从右下侧穿出，再将左侧的 3 股辫穿入穿发棒的圈内，从右侧穿出。

12 同理，先将穿发棒从左上侧发束的右上侧穿入、从左下侧穿出，再将右侧的 3 股辫穿入穿发棒的圈内，从左侧穿出。

13 将穿好的两根 3 股辫绕着发髻往下收紧，并用皮筋紧紧扎住，使得发髻被这两根 3 股辫紧紧包裹住，形成花苞的形状。

14 用穿发棒从上向下穿出，把发尾穿到发髻内部，收紧。

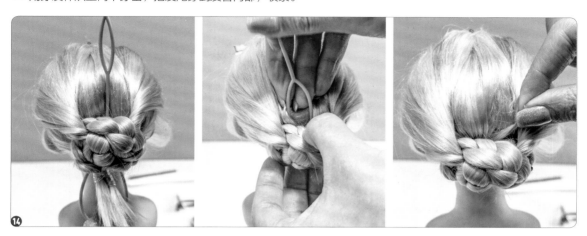

15 把在步骤 02~04 中编好的其中一根 3 股辫（左侧的 3 股辫）从前脸绕到后脑勺，将细铜丝穿入发髻中，把 3 股辫穿入发髻中，在遮住 3 股辫上的棉线后穿出。

16 用同样的方法处理另一根3股辫，3股辫穿出的位置可以随意一些。

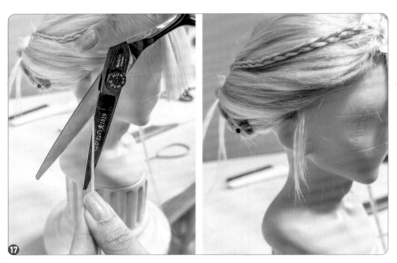

17 至此，后脑勺的发髻已经做好了，下面处理前脸部分的发丝。将鬓角发梳理整齐并修剪至长度为2cm左右（适用于三分BJD）。

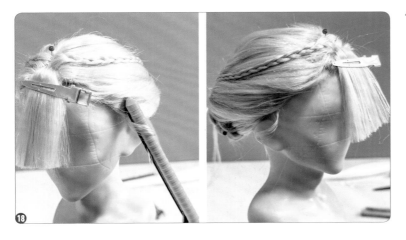

18 用 6mm 卷发棒将鬓角发从内向外卷，烫出弧度。用同样的方法处理另一侧的鬓角发。

19 处理刘海儿。将刘海儿分成上下两部分，用 6mm 卷发棒将刘海儿烫出弧度，调整整体形状到满意为止。

20 把发髻后面的两缕发须用 6mm 卷发棒烫一下并适当剪短（如果不喜欢留发须，那么可以重复步骤 15 和步骤 16，将其藏在发髻中）。

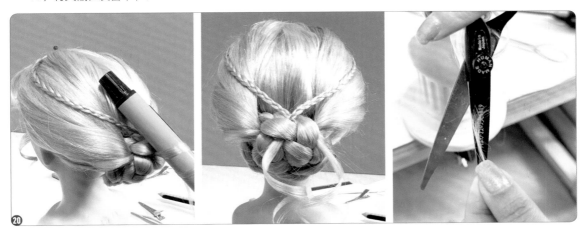

21 用鸭嘴夹夹住发髻两侧，喷上定型喷雾，使发髻的形状更美观。等定型喷雾干透后，奥黛特公主造型就做完了。

6.3 优雅新中式造型

　　需要准备的材料与工具有头台、毛坯（马海毛材质）、鸭嘴夹、针线、尖尾梳、皮筋、穿发棒、6mm 卷发棒、11mm 卷发棒、平剪、定型喷雾。

01 把打理好的毛坯套到头台上，在一侧分出刘海儿并用鸭嘴夹夹住（刘海儿要轻薄一些，这样做出来的效果会更飘逸、好看）。

02 在另一侧也分出刘海儿并用鸭
嘴夹夹住。

03 分别从两侧耳朵前面鬓角的发
丝中各取出一缕，将其与刘海
儿夹在一起。

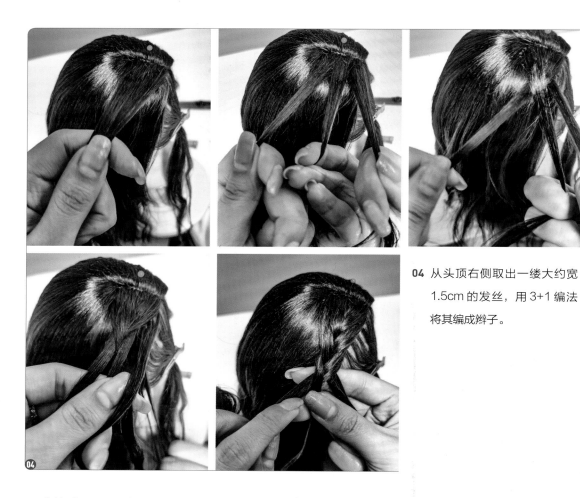

04 从头顶右侧取出一缕大约宽
　　1.5cm 的发丝，用 3+1 编法
　　将其编成辫子。

05 在编到耳朵后面时，就不再加入新的发丝了，直接编两组 3 股辫并用皮筋扎住。

06 从右侧耳朵下方取出适量发丝，用鸭嘴夹夹住。

07 用 3+1 编法在左侧进行编发，一直编到左侧的辫子可以与右侧的辫子汇合为止。

08 将两根辫子合并在一起并用皮筋扎住。

09 从被扎住的发丝中分出一小缕，将其余发丝编成 3 股辫。在编完一组后，再从发丝中分出一小缕，继续编 3 股辫。一共需要分出 3 小缕发丝。在编好后，用皮筋把辫子扎住。

10 将辫子卷起，用针线固定在发套上，形成一个包。

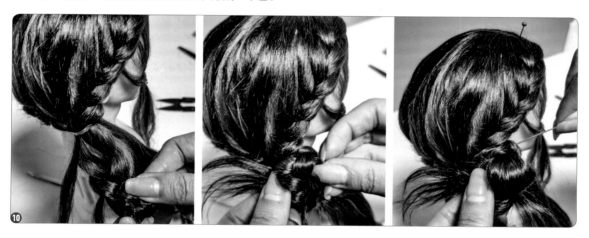

11 将刘海儿拉直、修短。两侧刘海儿的长度要尽可能一样。

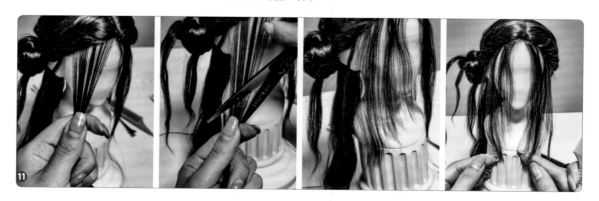

12 用 11mm 卷发棒将刘海儿烫出自然的弧度（也可以用直板夹来烫刘海儿，这样烫出的弧度会比较自然，但是千万不要用较小的卷发棒，因为太卷就过于生硬了）。

13 将靠近中间的刘海儿向内卷，将靠近鬓角的刘海儿向外卷。

14 用同样的方法处理另一侧的刘海儿。

15 再次修剪刘海儿，根据自己的喜好将刘海儿修剪到合适的长度。

16 用6mm卷发棒将刘海儿从内侧烫出一个弧度，并向两侧拉出，使得前额的刘海儿有一个自然的过渡且不会挡住眼睛。

17 用11mm卷发棒将鬓角发从内向外卷。

18 把之前在编 3 股辫时留出的 3
小缕发丝用 11mm 卷发棒烫一
下，并将其修剪到合适的长度。

19 把耳朵后面留出的发丝用 11cm
卷发棒轻微烫卷。

20 至此，优雅新中式造型就做
完了。

---

① 视频中的毛坯与文中的毛坯略有不同，但造型的制作方法基本相同，可供读者参考。

需要准备的材料与工具有头台、齐刘海儿毛坯（马海毛材质）、鸭嘴夹、尖尾梳、6mm 卷发棒、牙剪、平剪、定型喷雾。

01 把打理好的齐刘海儿毛坯套到头台上。

02 从头顶到耳朵前面划出一个区域，用手指夹住这个区域中的发丝，水平剪断（如果毛坯是卷发，就先喷水，将发丝拉直后再剪），使留下的发丝长度大约为超过下巴 1cm（适用于三分 BJD）。

03 用同样的方法处理另一侧的发丝。这一步是比较关键的，因为如果剪短了就不好调整了，所以要尽可能留长一些，对于没有修好的地方，可以慢慢修剪，确保两侧发丝的长度基本一致。

04 以已经修剪好的发丝长度为参照，修剪后面的发丝，直到全部都剪短为止。

05 将发丝向上拉起，用鸭嘴夹夹在头顶，只留下最后两个发排。

06 用 6mm 卷发棒从右侧耳朵处开始从内向外卷发丝，一直卷到后脑勺中间。

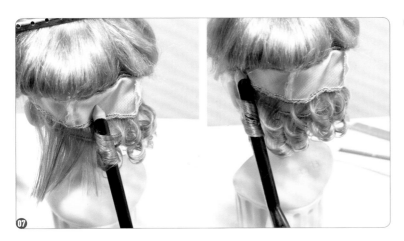

07 反向卷剩余的发丝，直到把发丝
全部卷完。

08 放下两个发排，用与步骤06
和步骤07相同的方法继续卷
发丝。

09 重复以上操作，直到只剩下头顶最后的两个发排为止。

10 将头顶的发排放下来，以中分线为标准往左移 2mm 左右，重新划出一条发缝，把左侧被分出来的 2mm 宽度的发丝放到右侧并用鸭嘴夹夹好。

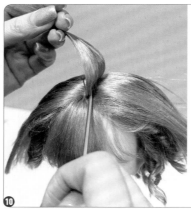

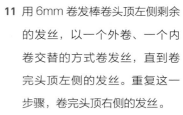
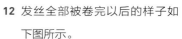

11 用 6mm 卷发棒卷头顶左侧剩余的发丝，以一个外卷、一个内卷交替的方式卷发丝，直到卷完头顶左侧的发丝。重复这一步骤，卷完头顶右侧的发丝。

12 发丝全部被卷完以后的样子如下图所示。

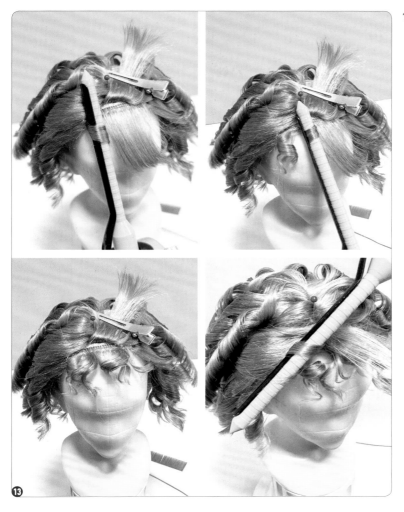

13 将刘海儿分成上下两部分，用一
个外卷、一个内卷交替的方式
把上下两部分刘海儿卷好。

14 刘海儿被卷完以后的样子如左
图所示。

15 用尖尾梳的尖端部分将所有的
　　卷都划散。

16 所有卷都被划散以后的样子如
　　左图所示。

17 用 6mm 卷发棒压一下重新调整的发缝分路，使得新分过来的发丝不会跑回原分路。调整一下头顶发丝的卷度，使得头顶的发丝更加蓬松，呈现较高的颅顶弧度（这一步是在不断进行调整。我们要检查一下所有发丝，看有没有漏卷的和卷度不够大的。若有，则对其进行调整）。

18 修剪波波卷的大型。因为波波卷的层次是齐的，所以我们要把发尾修剪成一条水平线（在做这一步的时候要确认毛坯是否戴正了）。

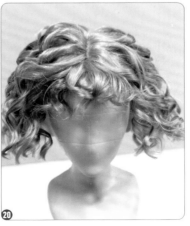

19 用牙剪把修剪后的发丝打薄，使其过渡自然。

20 至此，可爱波波卷发造型就做完了。

需要准备的材料与工具有头台、毛坯（马海毛材质）、鸭嘴夹、皮筋、尖尾梳、6mm 卷发棒、平剪、定型喷雾。

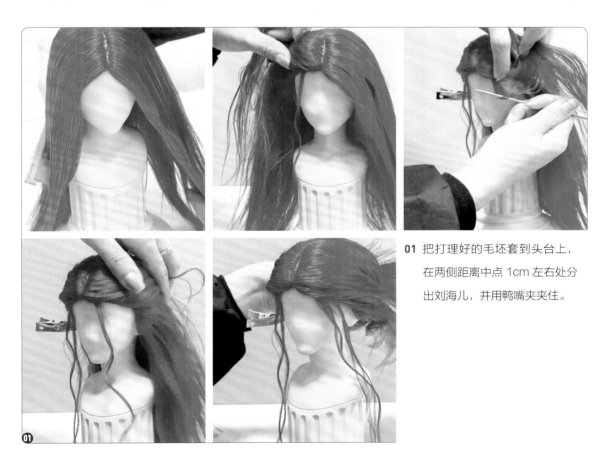

01 把打理好的毛坯套到头台上，在两侧距离中点 1cm 左右处分出刘海儿，并用鸭嘴夹夹住。

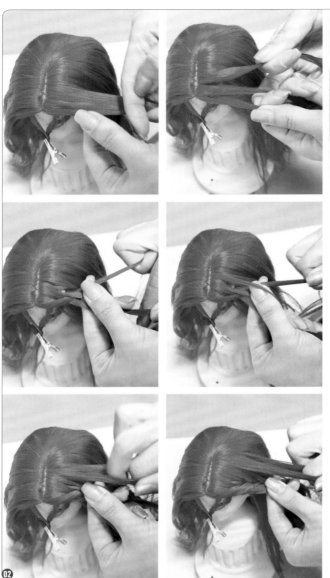

02 从头顶左侧取出一缕宽为
1cm 的发丝，用 3+1 编法
将其编成辫子。

03 当编到耳朵后面时，改为编
两组 3 股辫并用皮筋扎住
（这里是要让辫子位于娃娃
脸的左侧，如果希望让辫子
位于娃娃脸的右侧，就从另
一侧进行编发）。

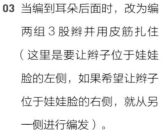

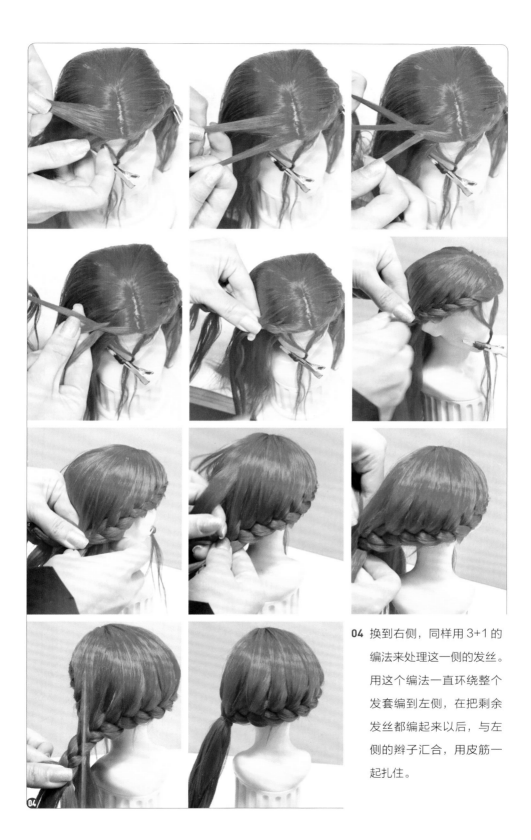

04 换到右侧，同样用 3+1 的
编法来处理这一侧的发丝。
用这个编法一直环绕整个
发套编到左侧，在把剩余
发丝都编起来以后，与左
侧的辫子汇合，用皮筋一
起扎住。

05 整理一下辫子，将其转到背后，以横向取发的方式把发束等分成上下两束，将靠下的那个发束等分成左右两束。

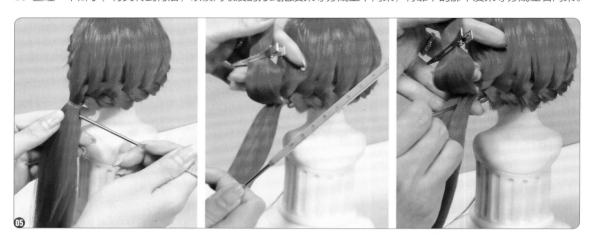

06 把下面分好的两个发束分开，绕到上面的发束上，并用皮筋扎住。

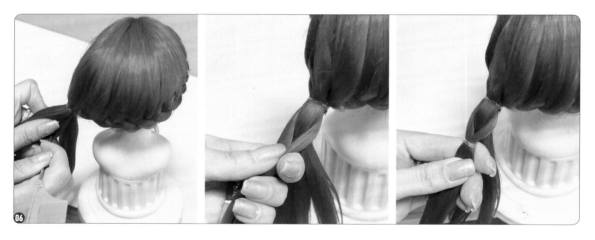

07 用左手抓住皮筋的位置，用右手
把扎好的两个发束扯出一个饱满
的弧度，使其形成爱心的形状。

08 重复步骤 06 和步骤 07，一直编到最后，用皮筋扎住。注意：在扯发丝时，手要轻，不能扯过头，让每一个爱心都比上一个爱心小，形成阶梯状。

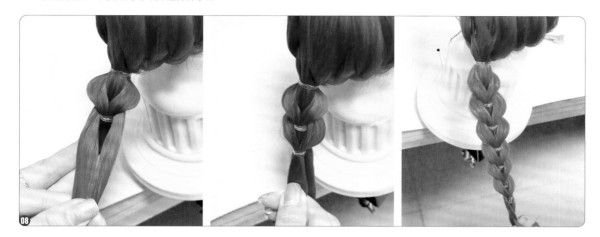

09 全部编好以后的样子如右图所示。

10 处理刘海儿。用 6mm 卷发棒把两侧的刘海儿分别从内向外卷。

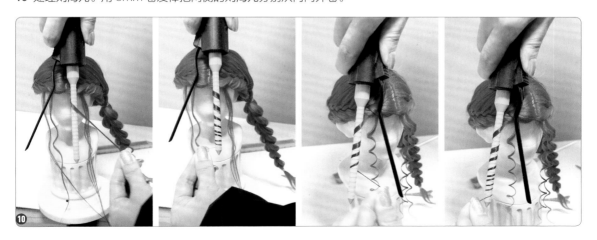

11 把辫子剩余的发丝卷一下。

12 使用平剪，从与刘海儿成 30° 角的方向修剪刘海儿，直到达到合适的长度。

13 用尖尾梳的后端把发丝整体调整一下，形成一个饱满的头型弧度。

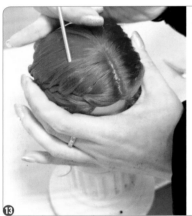  

14 至此，人鱼公主造型就做
完了。

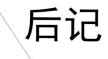

后记

　　我参与了第 1 章的部分写作和第 5 章的所有案例写作，通过这些内容，我想诚邀各位共赴一场时光之旅，回溯那古韵悠长的岁月。那时，佳人云鬟高耸、身着华裳，每一缕发丝都洋溢着古典的韵味与风情。虽然如今我们身处现代，但内心对古典美的向往与追求依旧如初。

　　在本书中，我呈现了自己独有的 BJD 古风盘发风格，以及在 BJD 古风盘发制作过程中的一些心得与感悟。我精心挑选了几款经典的古风盘发，并结合现代审美进行了全新的诠释与演绎，旨在让读者从中找到适合自己的 BJD 的古风盘发。

　　在编写本书的过程中，每位作者都力求使制作步骤清晰明了、使细节细致入微，以便读者能够轻松上手，完美还原书中的发型。我希望本书可以让更多的人了解并喜欢上 BJD 古风盘发，让这份古典美在现代社会中焕发出新的光彩。同时，我希望本书能做到对传统文化进行传承。古风盘发不仅是一种发型，还是传统文化的一种体现。它蕴含着古人的智慧与审美，同时代表着我们对传统文化的热爱与敬仰。

　　在此，我要衷心感谢所有为本书付出努力的伙伴和工作人员。正是因为你们的支持，本书才得以顺利出版。我希望本书能为大家带来美的享受与文化的熏陶，让大家一同沉浸在 BJD 的古风世界里，感受那份独特的韵味与风情。

　　愿每一位读者都能找到属于自己的国风之美，让 BJD 古风盘发成为其展现个性与魅力的独特方式。

梦花亭 –枫染

2024 年 4 月

　　我从小就喜欢把自己打扮得漂漂亮亮的，穿上优雅的古装，想象自己回到了古代，体味一段有趣的经历。长大后，我开始玩 BJD，也乐于将自己的 BJD 装扮成古风造型。但是，在前几年，基本上所有 BJD 的假发都是中分或齐刘海儿的黑色长发毛坯，几乎没有好看的造型。

　　作为一位喜爱古风服饰的手工艺者，我决定为 BJD 制作古风盘发，以便更好地展示古典美。

　　很高兴有机会参与到 BJD 古风盘发造型的写作中，我希望能够将这份热爱传递给更多喜欢古风文化的朋友们。

　　在本书中，我详细地介绍了古风盘发的制作步骤和技巧，从选材到制作、从细节到整体，都一一为大家呈现。我相信，只要你跟着我的步骤，耐心细致地操作，一定能够制作出属于自己的、独一无二的古风盘发。

　　当然，制作古风盘发并不是一件容易的事情，这需要一定的手工技巧和耐心。但是，我相信每一个喜欢古风文化的朋友都拥有一颗追求美好、勇于尝试的心。因此，无论你遇到什么困难，都不要轻易放弃，要相信自己一定能够成功。

最后，我要感谢一直以来支持和关注我的朋友们，是你们的鼓励和支持让我有动力去进行创作及分享，希望本书能够给你们带来一些启发和帮助。让我们一起在古风的世界里，寻找那份属于自己的美好和独特吧。

火玥儿

2024 年夏

如果要从我的众多爱好中选出最大的一个，那一定是做手工。从小时候学的工艺品制作，到长大后自学的发簪制作、插花、滴胶技艺、微缩模型制作，再到目前正在精进的手工改毛，我一直对做这些手工充满兴趣和热情。

从 2021 年年底接触到 BJD 开始，我就对与之相关的所有手工都充满兴趣，可惜我没学过裁剪，做不了娃衣，所以我把目标瞄准了假发。虽然我之前有过很多做手工的经验，但在刚刚接触的这个领域，我还是一个菜鸟。当时我搜索了全网，想要找到比较明确的教程，但找到的几乎都是手工改毛或者粘发排的教程，关于古风造型的教程少之又少。我买了 10 顶假发，几乎全部报废了，但是在制作过程中，我发现了一些技巧和方法。随着做的古风造型越来越多，我摸索出了自己的制作方法。依托着较好的审美，我开始用之前制作发簪的经验给 BJD 制作发饰，这使得我做的古风造型开始有了自己的特色。

那些不同的造型好像拥有魔法，不同的美让我感到高兴、成就感飙升。虽然我在不断地尝试使用新材料、新做法时也钻过死胡同，但是一切的尝试都是为了更好地提升自己。只有不断地更新技术，才会适应市场的变化。可能过几年我就会认为我现在的技巧和方法不成熟，但这又何尝不是一种必要的成长呢？

因此，我在本书中将自己所知道、所运用的技巧和方法分享给大家，希望与大家一起研究、一起进步，从而成就更好的自己！

栗仁仁

2024 年夏